エンジニアが学ぶ会計システムの「知識」と「技術」

広川敬祐 編・著
五島伸二、小田恭彦
大塚晃、川勝健司 著

本書内容に関するお問い合わせについて

このたびは翔泳社の書籍をお買い上げいただき、誠にありがとうございます。弊社では、読者の皆様からのお問い合わせに適切に対応させていただくため、以下のガイドラインへのご協力をお願い致しております。下記項目をお読みいただき、手順に従ってお問い合わせください。

●ご質問される前に

弊社Webサイトの「正誤表」をご参照ください。これまでに判明した正誤や追加情報を掲載しています。

正誤表　https://www.shoeisha.co.jp/book/errata/

●ご質問方法

弊社Webサイトの「刊行物Q&A」をご利用ください。

刊行物Q&A　https://www.shoeisha.co.jp/book/qa/

インターネットをご利用でない場合は、FAXまたは郵便にて、下記"翔泳社 愛読者サービスセンター"までお問い合わせください。
電話でのご質問は、お受けしておりません。

●回答について

回答は、ご質問いただいた手段によってご返事申し上げます。ご質問の内容によっては、回答に数日ないしはそれ以上の期間を要する場合があります。

●ご質問に際してのご注意

本書の対象を越えるもの、記述個所を特定されないもの、また読者固有の環境に起因するご質問等にはお答えできませんので、予めご了承ください。

●郵便物送付先およびFAX番号

送付先住所　〒160-0006　東京都新宿区舟町5
FAX番号　03-5362-3818
宛先　（株）翔泳社 愛読者サービスセンター

はじめに

エンジニアが身につけるべきスキル

エンジニアが身につけるべきスキルは何でしょうか。インターネットで検索すると、プログラミングや技術的なことはさることながら、コミュニケーション能力、発信力、英語力、マネジメント力などが出てきますが、顧客のビジネスモデルや財務諸表の読み方、仕訳などの会計知識、販売業務、購買業務、物流業務などの知識も必要となります。

IPA（情報処理推進機構）は、エンジニアに必要とされるスキルを体系化したものとして、ITSS（ITスキル標準）、ETSS（組込みスキル標準）、UISS（情報システムユーザースキル標準）の3種類を公表し、さらに、各スキル標準が相互にキャリアおよびスキルを参照できるように「共通キャリア・スキルフレームワーク」をまとめています。

そのIPAが実施する国家試験に「ITパスポート試験」があります。この試験は、ITを利活用するすべての社会人が備えておくべき基礎的知識を認定するものですが、そこに「会計・財務」があることを知っていただきたいと思います。

会計はすべてのエンジニアが身につけるべきスキル

なぜエンジニアに会計知識が必要なのでしょうか。それは、会計が企業の根幹をなすものであり、ビジネスの基礎知識であるという点が挙げられます。

会社の目的は、「事業を行い、利益を出していくこと」ですが、利益を計算するメカニズム、すなわち会計を知ることは会社の目的を知ることということができます。ビジネスの動きは、お金の出入りであり、その意味でも会計はビジネスの基本ということができます。

会計は聞き慣れない言葉や独特の考え方がある

資本と資産という言葉の意味や違いをご存じでしょうか。

「資本」は会社を設立する際の「元手」で、「資産」は会社の財産といえるでしょう。このように説明すると、会計を知っている人からすると当たり前で、会計を知らない人は余計にわからなくなるかと思います。

また、借方と貸方という単語の読み方や意味をご存じですか。他にも、売掛金と買掛金、前渡金と前受金といったように普段聞き慣れない言葉がありますが、これらは会計システムに携わるエンジニアなら知っておくべき項目です。

まず、本書の第1章で「エンジニアが身につけるべき会計の基礎知識」について解説しています。

会計システムの概要の紹介

本書は単に会計知識を紹介するものではありません。エンジニアの方のために会計システムを解説するものです。会計システムは、企業の会計処理に関わることを記録・管理することをITで活用するものです。

ひと口に会計システムといっても、その内容は多岐にわたり、容易に説明できるものではありませんが、第2章から第4章で、会計システムの概要や会計システムが有する機能について解説しています、

会計システムと関連する基幹システム

企業は、販売管理システムや購買管理システム、人事管理システムなどの業務システムによって企業内の業務を管理しています。そして、それらのシステムは会計システムとは無縁でなく、むしろ、会計システムと密接な関係を持つものです。

たとえば、販売管理システムは注文受付から売上計上まで管理するシステムですが、売上計上と会計システムとは大いに関係があります。他にも商品や材料の仕入なども会計システムと関係します。このような会計システムと他の業務システムとの関係を第5章で解説しています。

エンジニアと会計システムとの接点

エンジニアは、日常的に会計システムに入力を行ったり、会計システムからレポートを出力したり、ということは行いません。これらは経理部門の仕事です。

エンジニアは会計システムとどのような接点があるかというと、会計システムを刷新する際の構築や会計システムの運用・保守に関わります。会計システムの構築手順や留意点については第6章で、会計システムの運用・保守については第7章で解説しています。

IT技術と会計システム

最近はRPAやAIなど、会計システムにおいても最新の技術が次々と導入されています。また、従来の会計システムはアプリをインストールし、自社内あるいはPCで稼働するものでしたが、最近はクラウドの会計システムが次々と登場してきています。こうした技術やクラウドに関わることを第8章で解説しています。

会計システムのスキルを有するエンジニアへのニーズ

「会計システム＋エンジニア」というキーワードでインターネット検索をすると上位に表示されるのが、「会計システム エンジニア」の求人情報です。本書は転職やキャリアアップに関わるものではありませんが、このことは会計システムのスキルを有するエンジニアのニーズが高いことを示しています。そして、本書が単に知識を紹介するものではなく、仕事に役立つもの、エンジニアのためになるもの、となることを願っています。

企画・編集の労を担ってくださった翔泳社の長谷川和俊さんには大変にお世話になりました。謹んで御礼申し上げます。

2020年3月　著者を代表して
広川敬祐

目次

第5章 周辺業務システムと会計システムとの連携

第6章 会計システム構築プロジェクトの進め方

会員特典データのご案内

本書の読者特典として、「会計用語集」をご提供致します。
会員特典データは、以下のサイトからダウンロードして入手いただけます。

https://www.shoeisha.co.jp/book/present/9784798162942

●注意

※会員特典データのダウンロードには、SHOEISHA iD（翔泳社が運営する無料の会員制度）への会員登録が必要です。詳しくは、Webサイトをご覧ください。
※会員特典データに関する権利は著者および株式会社翔泳社が所有しています。許可なく配布したり、Webサイトに転載することはできません。
※会員特典データの提供は予告なく終了することがあります。あらかじめご了承ください。

第 1 章

エンジニアが身につけるべき会計の基礎知識

1-1 会計の役割

企業業績の説明責任を果たすために会計がある

会計と聞いて思い浮かべること

皆さんは、「会計」と聞くと何を思い浮かべますか。「すみませ〜ん、お会計（勘定）してください」という、飲食などの支払の場面を思い浮かべる方も多いのではないでしょうか。そして、会計の際に「あれ、思っていたよりも金額が高いな……」と思えば、注文していないものがお勘定に含まれていないかを確認すると思います。その際に重要になるのが注文の記録です。

注文したものが記録されないで請求されたら揉め事になりますし、そもそも記録がなければケンカになりかねません。つまり「会計」とは、**お金の動きを記録すること**であり、利害関係者（この場合、飲食店のお客さん）に対して**数値を用いて説明すること**といえます。

企業での「会計」を考える

次に、企業における「会計」とは何かを考えてみましょう。企業は、生産や販売活動を通じて利益（儲け）を出すことを目的としています。その利益を把握するためには帳簿をつけておくことが必要になります。個人でも年間収支を把握しようとすれば家計簿をつけることが必要であることと同じことです。

その意味で、企業での「会計」は、**帳簿をつける（記録する）ことによって、会社がどのくらい儲かっているのかを把握するための仕組みである**といえます。

個人が儲けを把握するためには収入と支出を記載する家計簿（**単式簿記**）で事足りますが、企業会計では、**複式簿記**の手法を用います。なお簿記は、会計を行うための道具という位置づけです。

単式簿記には欠点がある

単式簿記は、基本的には現金の増減を記帳して把握しますが、それだけでは財産（資産や借金などを含めたもの）がわからないという欠点があります。たとえば、家計簿をつけていても、株などに投資している金額や住宅ローンの残高を把握することはできません。

また、単式簿記には、収入や支出の内容を分析しようとしても、その原因を即座に分析することができないという致命的な欠点があります。

そこで、単式簿記で把握する「**収入**」と「**支出**」の2要素だけでなく、「**資産**」、「**負債**」、「**資本**」、「**収益**」、「**費用**」の5要素に分類して財産を把握できるようにするのが複式簿記です。

具体的には、「収入」を売上のように将来返す必要がない「収益」と借入のように将来返さなければならない「負債」、そして元手である「資本」に分け、「支出」を将来再度現金化される、または将来費用化される「資産」と将来返ってこない「費用」に分けます。

単式簿記と複式簿記の違い

単式簿記は、家計簿で「家賃で50,000円の支出」のような形で、**1回の取引に1つの項目（単式）を使用して帳簿に記録する方法**です。それに対して複式簿記は、お金の増減と残高だけではなく、収支がどのように発生したかという原因も帳簿に記録できるよう、**1つの取引に対し2つの側面から事実を捉え、記録する方法**です。前述の例でいうと、現金が増減したという取引の結果だけでなく、何が原因となって現金が増減したのかという原因を把握する記録方法です。

売上や借入によって現金が増えますが、単式簿記では現金の増加を1行で管理するので原因を区別できません。一方複式簿記では、現金が売上によって増えたのか、それとも借入によって増えたのかを区別することができます。この取引を二面的に分解することを**仕訳**（しわけ）といいます。仕訳は、発生した取引を**借方**（かりかた）と**貸方**（かしかた）の2つに分け、勘定科目によって取引を分類します。なぜ借方、貸方と呼ぶのかは、簿記の考え方が西洋から来ており、Debit、Creditの翻訳を借方、貸方にしたという歴史上の経緯もありますが、仕訳の左側を借方、右側を貸方と覚えれば十分です。

勘定科目は、複式簿記の５要素である資産、負債、資本、収益、費用のどれかに属し、仕訳はこれらの借方と貸方の組み合わせで分類され、取引パターンは10になります。

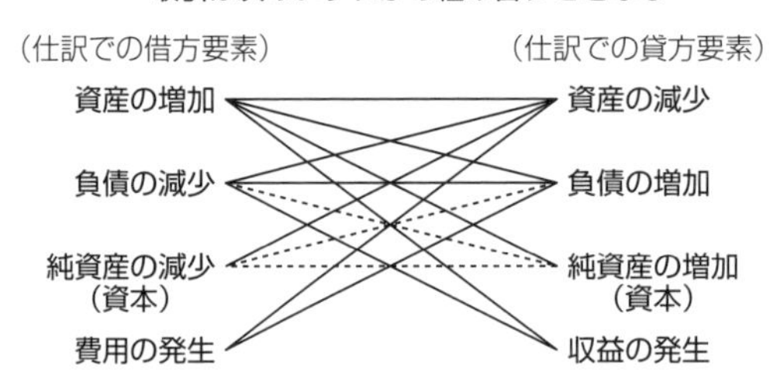

◆複式簿記要素の組み合わせ

ここで、よくある取引の例を紹介します。

（例）

・資産の増加＆資産の減少

工場で使う10百万円の機械を現金で購入した。

（借方）機械 10百万円／（貸方）現金預金 10百万円

・資産の増加＆負債の増加

金融機関から100百万円を借り入れた。

（借方）現金預金 100百万円／（貸方）短期借入金 100百万円

・資産の増加＆資本の増加

株式を発行し、株主から30百万円が振り込まれた。

当社は、これを全額資本金で処理した。
（借方）現金預金 30百万円／（貸方）資本金 30百万円

・資産の増加＆収益の発生（下段：資産の減少＆費用の発生）
仕入原価８百万円の商品を10百万円で現金販売した。
（借方）現金預金 10百万円／（貸方）売上高 10百万円
（借方）売上原価 ８百万円／（貸方）商品 ８百万円

なお、会計では使用する勘定科目の名称が決まっているので、どのような勘定科目が登場するかを覚えていくことをお勧めします。

資本と純資産

複式簿記の５要素は、資産、負債、資本、収益、費用で、資産から負債を差し引くものが資本なのですが、最近（2005年の「貸借対照表の純資産の部の表示に関する会計基準」の公表以降）は、資本のことを**純資産**と呼ぶようになってきました。

この両者は本質的には異なるのですが、「資産－負債＝純資産≒資本」のように、純資産と資本とは、ほぼ同じことであると理解しておきましょう。同じような言葉であれば、本来であれば言葉の定義を明確にし、どちらかに統一を図るべきものですが、世間でこの違いを理解していない人も多く、両者ともいまだに使われている言葉であることから、純資産≒資本と、両者は同じ意味であることを理解しておきましょう。

1-2 貸借対照表と損益計算書

まずは重要な財務諸表を認識する

財務三表とは？

会社は、自社の経営や財務の状況を財務諸表という書類によって業績を説明・報告します。財務諸表は、貸借対照表、損益計算書、キャッシュ・フロー計算書、株主資本等変動計算書、包括利益計算書（連結決算を行っている場合のみ）、附属明細表で構成されます。このうち皆さんに特に覚えてもらいたい財務諸表が、**貸借対照表**、**損益計算書**、**キャッシュ・フロー計算書**の３つです。

これら３つの財務諸表は、**財務三表**とも呼ばれ、会社の状況を把握するために特に重要な財務諸表と位置づけられています。

まず、財務三表のうち貸借対照表と損益計算書について説明します。

貸借対照表がどのような報告書かを把握する

ここで読者の皆さんに質問があります。

Q　高級外車を乗り回し、豪邸を保有する人は、必ず経済的に余裕がある者であると断言できるでしょうか？

答えは、「必ずしも経済的に余裕があるとは限らない」です。なぜならば、高級外車や豪邸を購入する際に、蓄えがなく自分ではお金をほとんど出さずに、他人から借金をして買った場合も想定されるからです。

多額の借金ができること自体、信用力があることの表れであるとポジティブに捉えることはできるかもしれません。しかしながら、自らの稼ぎに見合わない多額の借金をして高級外車などの資産を購入している場合、決して経済的に余裕があるとはいえません。

すなわち、次のようなケースもあり得るのです。

◆個人の財政状態

購入した資産（何に使ったか）		どこからお金を調達したか	
高級外車	30百万円	金融機関からの借入	520百万円
豪邸	500百万円	自分のお金	10百万円

個人の懐事情を把握しようとする際には、見かけの派手さではなく、借金の状況などを考慮する必要があるということです。これは、会社に当てはめた場合も同様です。

会社の財政状態を把握するためには、会社がどのような資産を保有しており、その資産を購入するためにどのような資金調達を行ったかを把握する必要があるのです。

これを把握できる財務諸表、言い換えれば会社の一定時点における財政状態を明らかにする財務諸表が**貸借対照表**です。貸借対照表は、**バランス・シート**（Balance Sheet。略語でB/S）とも呼ばれ、資産、負債、資本に区分表示される報告書です。

「**資産**」は、その名の通り会社が所有する資産、つまり財産で、具体的には現金・預金・商品・土地・建物などが挙げられます。換言すれば、資産は、会社が調達してきた資金を何に使ったのか、それとも現金・預金として使わずに保有し続けているのか、という資金の運用形態を表しています。

「**負債**」は、会社が将来の支払義務を負っているもので、金融機関などからの借入金、仕入代金の債務などが挙げられます。他人にいずれ返さなければならないという意味において、他人資本と呼ぶこともあります。

「**資本**」は、前述の通り、現行の会計制度では純資産と呼ばれます。株主からの出資および会社が稼いだ利益の蓄積残高などで構成されます。

純資産は、他人に返す必要がないもので、**自己資本**と呼ぶこともあります。負債は、他人に返す必要のあるもので、**他人資本**とも呼びます。

貸借対照表の負債と純資産を見ると会社が経済活動をするために、どのように資金を調達したかを把握することができます。

◆貸借対照表（B/S）

資金の運用形態		資金の調達源泉	
資産	x x x	負債（他人資本）	x x x
		純資産（自己資本）	x x x

資金の調達は、自己資本と他人資本に分かれる

損益計算書は一定期間における会社の成績表

損益計算書（Profit and Loss Statement。略語でP/L）は、一定期間での企業の経営成績を表す財務諸表です。一定期間とは、年度や各四半期までの累計期間のことです。年度を例にとると、わが国では４月～翌３月までの１年間に設定している会社が多いです。損益計算書は、一会計期間の「収益」から「費用」を差し引き、当該期間における利益（または損失）を示すものです。

利益（または損失）は、そのものずばりの数字が取引として記録されることはありません。利益はあくまでも収入と費用の差引き、または期末と期首の財産の差額で計算されるものなのです。

1-3 儲けをストックとフローの両面から見る

貸借対照表と損益計算書は関連するもの

貸借対照表と損益計算書の関係

貸借対照表と損益計算書は、どのような関係になっているのか、これより水槽にたとえて説明します。

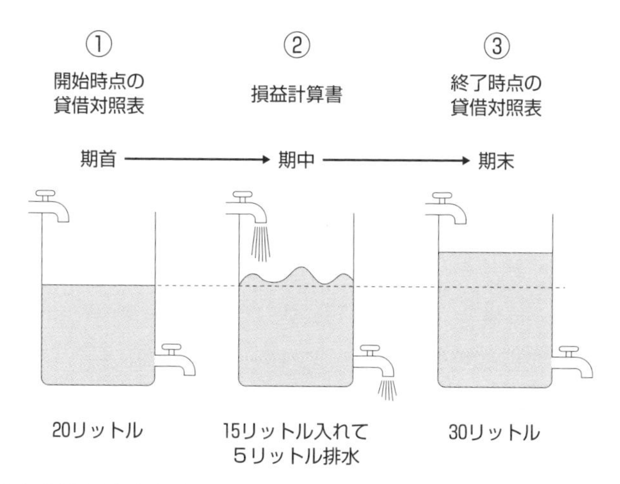

◆貸借対照表と損益計算書を水槽にたとえると

決算の開始時点（期首時点）

水槽に20リットルの水が入っています。これを決算の開始時点（期首時点といいます）の貸借対照表とすると、「純財産」が20リットルある状態になっています。ここでは期首時点を４月１日とします。

水の出し入れ（期中）

水槽の水を入れ替えました。15リットル入れて、５リットル排水しました。これを15リットルの「売上」があり、５リットルの「費用」があったと考えます。この差の10リットルが「儲け」＝「利益」になります。このように一定期間のフローを追っていく見方が損益計算書に相当します。

決算の終了時点（決算期末）

水の出し入れの結果、30リットルの水が水槽にたまります。これを終了時点（3月決算であれば3月31日）の貸借対照表とすると、「純資産」としての水が30リットルあることになり、開始時点の貸借対照表と比較し、10リットルの水が増えていることになります。この差の10リットルも「利益」ということができます。

このように一定時点のストックを示すものが貸借対照表になります。

儲けの計算方法が２つある

複式簿記が「複式」と呼ばれる理由のひとつには、儲けの計算方法が２つあることもあります。２つの計算方法のうちのひとつは、企業が持っている資産や負債を示す「**ストック**」（貸借対照表）で計算する方法、もうひとつは売上や費用を表す「**フロー**」（損益計算書）で計算する方法です。「利益」は、ストックとフローの両面から計算できます。

◆貸借対照表（ストック）と損益計算書（フロー）

貸借対照表（ストック）

資産	40	負債	10
		純資産 （内、当期の儲け ＝期末30－期首20）	30 （10）

期末純資産から期首純資産を差し引くと損益計算書の利益と一致する

損益計算書（フロー）

売上高	15
費用	5
利益	10

1-4 財務諸表作成の流れ

会計記録から財務諸表作成の流れ

取引の発生から財務諸表の作成まで

貸借対照表も損益計算書も日々の会社の活動を仕訳として記録し、それを集計して出来上がります。この点は、会計の仕組みを理解する上で非常に重要な点です。

会社における財務諸表を作成する流れを示すと次のようになります。

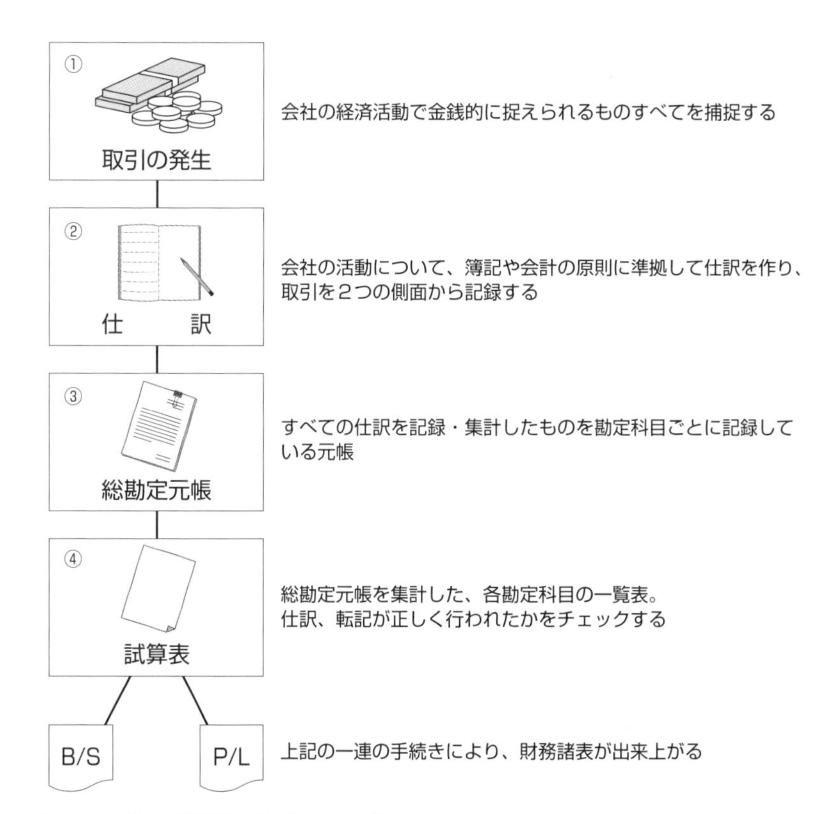

◆会社における財務諸表作成までの流れ

仕訳の記録

会社で、資産、負債、資本、収益、費用に動きをもたらす取引があれば、その取引を**仕訳**として記録します。このときの記録簿を**仕訳帳**といいます。

仕訳は取引を２つの要素に分解し、それぞれを向かって左（借方）と右（貸方）とに記入することを基本とします。仕訳帳は、取引を仕訳して発生順（日付順）に記録する帳簿です。取引の内容を分析し、勘定科目が何であるか、借方・貸方に分解したらどうなるのかを示します。

総勘定元帳への記録

仕訳帳は、発生した取引を日付順に並べるため、取引種別ごとに集計するには不向きな帳票です。そこで、勘定科目ごとに取引内容を記載する帳簿として**総勘定元帳**を作成します。総勘定元帳は、仕訳帳上では取引発生日ごとの内容を勘定科目ごとにまとめたものです。

試算表への記録

総勘定元帳の勘定科目ごとの数字を元に試算表を作ります。試算表には、借方・貸方の合計金額を記載した**合計試算表**と、借方・貸方の金額を差し引いた**残高試算表**の２つがあります。

財務諸表の作成

試算表から資産・負債・資本の要素に関係する勘定科目のものを抽出して**貸借対照表**（B/S）を作ります。また、試算表から収入・費用の要素に関係する勘定科目のものを抽出して**損益計算書**（P/L）を作ります。これらについては第３章で詳しく説明します。

近年において会計システムは必要不可欠なもの

企業会計の目的は、会社の業績などの状況を記録し、報告・説明することです。そのために会社での取引を仕訳で表現し、仕訳を集計して財務諸表を作成して報告します。

ひと昔前は、前述の取引の発生から決算書の作成までの流れを手作業で行っていましたが、今日ではコンピュータシステムによって取引の記録、集計、財務諸表の作成を行うことができます。というよりも、取引量の増加、決算早期化といった外部環境の変化により、会社が一定規模以上になってくると会計システムなしで、日々の記録を行い、決算を行うことは困難になってきています。

会計システムでは仕訳帳≒総勘定元帳

会計では、取引の二面性について勘定科目を使用して仕訳として表現し、それを仕訳帳に記帳します。そして仕訳帳に記帳した仕訳は、勘定科目ごとに集計しやすいように総勘定元帳に転記します。

この「転記」という作業ですが、会計取引を帳簿に記載して把握する古い時代に行われていました。現代では手書きの帳簿を使用することはほとんどなくたいていが会計システムを利用しています。

仕訳帳と総勘定元帳の違いを一言でいえば、取引を日付順に出力するか、勘定科目ごとに集計して出力するかです。会計がシステム化された現在において、「仕訳帳へ仕訳→総勘定元帳へ転記」という作業はなく、会計システムから出力する総勘定元帳は、仕訳帳のデータを勘定科目ごとに並べ替えて集計して出力しているものと理解してください。

1-5 会計の種類

外部に報告する財務会計には3つの種類がある

会計を分類して理解する

ここからは、会計の分類について見ていきます。会計は、大きく**財務会計**と**管理会計**に区分されます。さらに、財務会計は、**金融商品取引法会計**、**会社法会計**、**税法会計**の３つに区分されます。

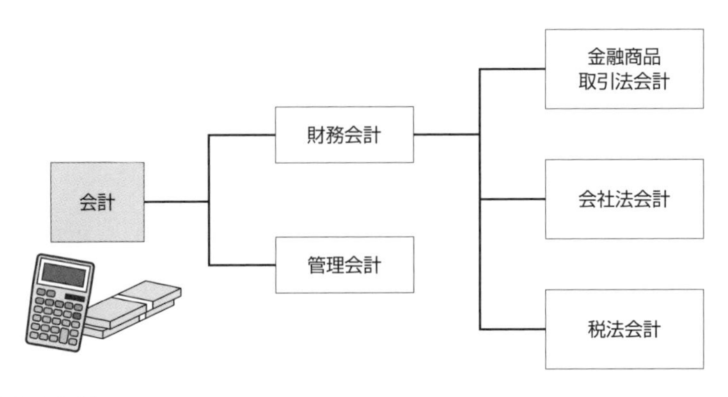

◆会計の分類

財務会計と管理会計の違い

財務会計は、法律で規定された外部への報告を義務付けられている会計です。代表的な法律は、会社法、金融商品取引法、税法（主に法人税法）です。制度として開示することが決まっていることから、制度会計とも呼ばれます。

一方、管理会計は、経営者が意思決定・経営管理を適切に行うために構築する内部会計であり、開示する必要がないことに大きな違いがあります。

金融商品取引法会計とは？

金融商品取引法は、投資家の保護を目的として、主に上場企業が内閣総理大臣に有価証券報告書などを提出することとなっています。

金融商品取引法会計は、「この法律の規定により提出される貸借対照表、損益計算書その他の財務計算に関する書類は、内閣総理大臣が一般に公正妥当であると認められるところに従つて内閣府令で定める用語、様式及び作成方法により、これを作成しなければならない」との金融商品取引法193条の規定によるものです。

会社法会計とは？

会社法は、株主と債権者の保護を目的として、すべての会社を対象に営業上の財産および損益の状況を明らかにすることを求めており、計算書類の作成を義務付けています。計算書類は、貸借対照表、損益計算書、株主資本等変動計算書、個別注記表で構成されます。会社法431条では、「株式会社の会計は、一般に公正妥当と認められる企業会計の慣行に従うものとする」と規定し、これによるのが会社法会計です。

◆金融商品取引法会計と会社法会計の違い

	金融商品取引法	会社法
決算書名称	財務諸表	計算書類（等）
対象	主に上場企業	すべての会社
提出先	内閣総理大臣	株主総会等
内容	・貸借対照表 ・損益計算書 ・株主資本等変動計算書 ・キャッシュ・フロー計算書 ・附属明細表	・貸借対照表 ・損益計算書 ・株主資本等変動計算書 ・個別注記表 ・（附属明細書）

公正な企業会計の慣行はどこに定められているのか？

公正な会計慣行の代表格は、「**企業会計原則**」です。

企業会計原則は、1949年に企業会計制度対策調査会（企業会計審議会の前身）が定めた、企業が会計処理を行う上で従わなければならない会計の指針のことで、会計に関わる実務の処理をする上で、慣習として発達した考えの中から、一般に公正妥当と認められたものを要約した基準です。

企業会計原則は、一般原則、損益計算書原則、貸借対照表原則の３つの指針があり、一般原則は企業会計全般に対する包括的な指針で、損益計算書原則は損益計算書の本質、費用および収益の会計処理や表示に関する指針、貸借対照表原則は貸借対照表の資産、負債および資本に関する会計処理や表示に関する指針です。

企業会計原則は、それ自体に法的な強制力はありませんが、会社法や金融商品取引法などの法令を通じて法的強制力が付与されています。

この他、経済や社会の変化に対応させるために、企業会計審議会が設定してきた会計基準、および2001年に会計基準の設定主体が変更されてからは企業会計基準委員会が設定した会計基準も公正なる会計慣行を構成します。

1-6 税法会計の概要

税法会計は課税の公平を実現するためにある

税法会計の目的

税法会計は、**会社の課税所得の計算**を目的とする会計です。会社は、経済活動の主体である法人として税金を納める義務を負っていて、課税取得は税金を計算する基礎となります。

税金の計算が会社ごと、監督官庁（税務署）の担当者ごとの考え方で異なれば不公平となるので、課税の公平が求められ、そのため、法人税法などに細かな規定があります。

各法律における目的の違い

金融商品取引法会計と税務会計の比較を例にとって説明すると、金融商品取引法会計は、投資家の保護を目的として行われます（なお会社法は、債権者保護を主な目的としています）。このことから、**適正な利益計算**が第一命題となります。一方で税法会計は、課税所得を適切に計算し、**公正な課税負担を実現すること**を目的としています。

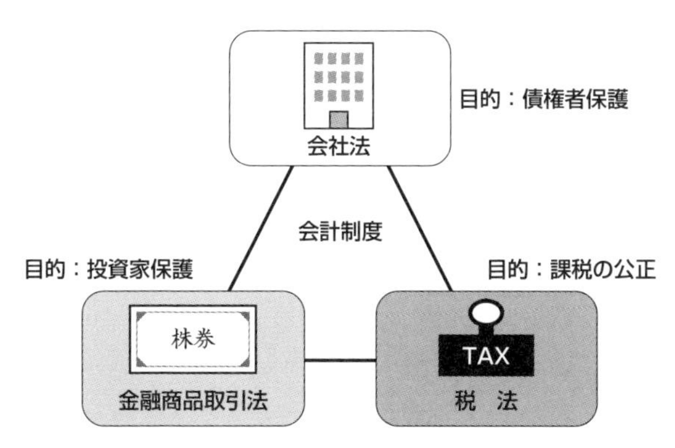

◆各法律における目的の違い

会計上の利益と課税所得との違い

税法会計を理解するために、まず会計上の利益と課税所得の違いを把握する必要があります。法人税は会社の儲け（課税所得）に対して課されるのですが、その課税所得は会計上の利益とは異なるのです。

会計上の利益は、次の算式によって求められます。

会計上の利益＝収益－費用

そして課税所得は、次の算式によって求められます。

課税所得＝益金－損金

益金と損金は、税法上の独特の用語で、収益と費用と同じようなものですが、益金と収益、損金と費用にはズレがあります。

益金と収益のズレと損金と費用のズレ

益金と収益、損金と費用の範囲は、かなりの部分で重なりますが、一部でズレがあります。たとえば、売れ残った商品があれば、会計上は、売れる価値のない商品を取得価額で評価するのは好ましくないとして商品の価値を下げ、すなわち評価損を計上します。

ただし、その商品の価値が下がっていることを絶対的に評価することは難しく（10人が評価して全員が同じ金額になること）、損失の金額が異なることに公平性がないので、税法上は損失を認めていません。このことを**損金不算入**（費用であって損金でない）といいます。

税法上の４つの調整項目

会計上の利益と税法上の課税所得が異なることによる調整項目は、損金不算入を含めて次ページの表の４つがあります。

◆税法上の4つの調整項目

項目	内容
損金不算入	会計では費用としたが、税法では損金にならないもの （例）在庫の評価や交際費の税法上の限度額超え
損金算入	会計では費用ではないが、税法では損金となるもの （例）欠損金の繰越控除
益金不算入	会計では収益としたが、税法では益金とはならないもの （例）受取配当金を収益計上したが税法上は益金とはしない
益金算入	会計では収益としなかったが、税法では益金とするもの （例）会計で売上計上をしないが税法上で必要なもの

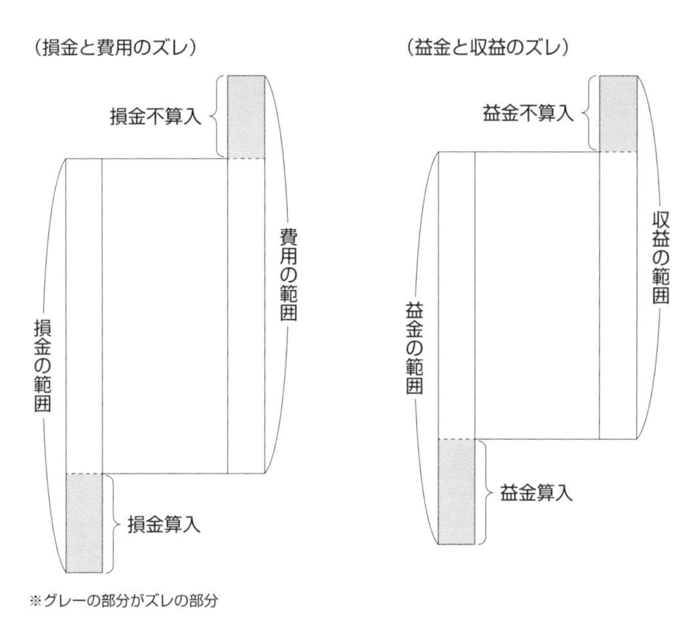

◆会計上の利益と税法上の課税所得との調整

税務調整による課税所得の算定

これまで述べた通り、財務会計と税法会計の違いから、会計上の費用と税務上の損金、会計上の収益と税務上の益金にズレがありますが、ズレは一部に過ぎません。このため税法上の課税所得の計算を会計上の利益計算とは別に、税法上の計算を一から行うのは非効率で現実的ではありません。

このため、税務の実務においては財務会計で算出された会計上の税引前当期純利益に、必要な調整（**税務調整**といいます）を行うことで課税所得を算出する方法を定めています。

税法上の課税所得の計算は、会計上の利益から先に述べた４つの税務調整項目を加算または減算によって行われ、下表のようになります。税額は、下表のように会計上の当期純利益に税務調整を行った課税所得を元に計算します。

◆会計上の利益と税額計算の関係

会計上の当期純利益の算定		税務上の税額計算	
①	収益		
②	△費用		
③	（①－②）税引前当期純利益		税引前当期純利益
		④	加算項目
		⑤	減算項目
		⑥	（③＋④－⑤）課税所得
		⑦	税金費用（＝⑥×税率）
⑧	税金費用 （法人税、住民税および事業税）		
	（③－⑧）当期純利益		

1-7 貸借対照表の表示ルール

貸借対照表の構成と表示ルール

貸借対照表と資産の分類

貸借対照表は、大きく資産、負債、純資産の3つに区分されることは既に説明しましたが、それらはさらに細かく区分されるので、その区分ルールを説明していきます。

資産は、**流動資産**、**固定資産**、**繰延資産**の3つに分類されます。流動資産には、現金及び預金、企業の正常な営業活動の循環の中で発生する資産科目（受取手形、売掛金、商品など）などが計上されます。

◆流動資産の開示イメージ

資産の部		負債・純資産の部	
流動資産		負債	XXX
現金及び預金	XXX	純資産	
受取手形	XXX		
売掛金	XXX		
商品	XXX		
流動資産合計	XXX		
固定資産	XXX		XXX
繰延資産	XXX		
資産合計	XXX	負債・純資産合計	XXX

固定資産は、さらに**有形固定資産**、**無形固定資産**、**投資その他の資産**の3つに分類されます。

建物、構築物、機械および装置（工場の機械など）、車両運搬具、土地といった実体のある固定資産は有形資産に分類されます。構築物は少しわかりにくいと思うので説明すると、土地の上に築造された建物（建築物）以外の工作物で、例としては、煙突、塀、トンネル、アスファルトなどの舗装道路などが挙げられます。

無形固定資産には、ソフトウェア、商標権、特許権といった権利などの姿・形はないものの、長期間にわたり企業活動に資するものが分類されます。

投資その他の資産には、有形固定資産と無形固定資産のいずれにも属さない固定資産が分類されます。具体的には、投資有価証券などの投資や、長期貸付金や長期前払費用といった長期の資産が計上されます。なお、会計上、「長期」という場合、「１年超」を意味します（これをワン・イヤー・ルールといいます）。

◆固定資産の開示イメージ

資産の部		負債・純資産の部	
流動資産	XXX	負債	XXX
固定資産		純資産	
有形固定資産	XXX		XXX
建物	XXX		
⋮	⋮		
有形固定資産合計	XXX		
無形固定資産			
ソフトウェア	XXX		
⋮	⋮		
無形固定資産合計	XXX		
投資その他の資産	XXX		
投資有価証券	XXX		
⋮	⋮		
投資その他の資産合計	XXX		
固定資産合計	XXX		
繰延資産	XXX		
資産合計	XXX	負債・純資産合計	XXX

繰延資産は、既に対価の支払が終了している、または支払義務が確定しており、これに対応する役務の提供を受けたものの、その効果が将来にわたって発生すると見込まれる費用です。

負債の部は2つに分類される

負債とは、過去の取引などの結果から発生した現在の債務であり、将来的に現金の流出（キャッシュアウト）ないしサービス提供などの義務の履行が発生するものです。負債は、将来的に返済しなければならない資本とも位置づけることができ、**他人資本**とも呼ばれます。負債は、**流動負債**と**固定負債**の2つに区分されます。

流動負債には、企業の正常な営業活動の循環の中で発生する負債科目（支払手形、買掛金など）が計上されます。その他の負債については、前述のワン・イヤー・ルールが適用され、1年以内に支払われる予定などの負債が計上されます。

一方、固定負債には、支払などの期間が1年超となっている債務が計上されます。具体例としては、返済までの期間が1年超となっている金融機関からの長期借入金などが挙げられます。

◆負債の部の開示イメージ

資産の部		負債・純資産の部	
流動資産	×××	流動負債	
固定資産		支払手形	×××
繰延資産		買掛金	×××
		：	：
		流動負債合計	×××
		固定負債	
		長期借入金	×××
		：	：
		固定負債合計	×××
	×××	純資産	×××
	×××		
資産合計	×××	負債・純資産合計	×××

純資産の部は返済不要な資金の調達源泉

純資産の部は、企業経営資源の調達のうち、株主からの出資金や会社が蓄積した利益などで構成されます。純資産は、将来的に返済不要という意味で「**自己資本**」と呼ばれます。自己資本は、厳密にいうと「自己資本＝純資産－新株予約権－非支配株主持分」です。

新株予約権とは、株式会社に対して権利行使することで、当該株式会社の株式の交付を受けることができる権利です。

非支配株主持分とは、連結決算において計上されることがある残高であり、子会社の資本のうち親会社の持分以外の部分のことをいいます。

純資産残高のうち最も重要といえる株主資本

純資産のうち特に重要な株主資本の構成項目である勘定科目について説明します。

株主資本項目は、次のもので構成されます。

資本金＋資本剰余金＋利益剰余金－自己株式

資本金は、株式の発行に対し、株主が会社に払い込んだ額です。

また資本剰余金は、資本準備金とその他資本剰余金で構成されます。

資本剰余金＝資本準備金＋その他資本剰余金

資本準備金は、株式発行の際に株主の株式払込金総額のうち、資本金に組み入れなかった残額です。会社法の規定により、払込価額の２分の１を超えない額は、資本金とせずに資本準備金とすることができます。

その他資本剰余金は、資本金の減少（減資）に伴う差益、資本準備金の取崩しや自己株式を処分した際の差益などにより発生します。

なお、自己株式というのは自社の株式のことであり、会社が自社の株式を保有している場合に純資産の部にマイナス残高で計上されます。

一方、利益剰余金は、利益準備金とその他利益剰余金で構成されます。

さらに、その他利益剰余金は、任意積立金および繰越利益剰余金で構成されています。

・利益剰余金＝利益準備金＋その他利益剰余金

・その他利益剰余金＝任意積立金＋繰越利益剰余金

利益準備金は、債権者保護の観点から会社法上、積み立てることが規定されているものです。会社は、配当を支払う際に、配当額の10分の１を利益準備金と資本準備金とあわせて資本金の４分の１になるまで積み立てなければならないことになっています。

任意積立金は、株主総会の決議によって任意に積み立てられた利益の留保額です。

繰越利益剰余金は、これまでに会社が蓄積してきた内部留保利益で、利益準備金と任意積立金以外のものをいいます。

◆純資産の部の開示イメージ

資産の部		負債・純資産の部	
流動資産	XXX	負債	XXX
固定資産		株主資本	
繰延資産		資本金	XXX
		資本剰余金	
		資本準備金	XXX
		その他資本剰余金	XXX
		資本剰余金合計	XXX
		利益剰余金	
		利益準備金	XXX
		その他利益剰余金	
		別途積立金※	XXX
		繰越利益剰余金	XXX
		利益剰余金合計	XXX
		自己株式	△XXX
	XXX	株主資本合計	XXX
	XXX	純資産合計	XXX
資産合計	XXX	負債・純資産合計	XXX

※任意積立金のうち、使用目的を特定せずに利益を留保する科目を別途積立金という

1-8 損益計算書の表示ルール

損益計算書の構成と表示ルール

損益計算書の大分類は収益と費用・損失

損益計算書は、**収益と費用・損失**に大きく分類されます。収益は、会社の資産を増やす原因といえます。具体的には、売上高、営業外収益、特別利益が挙げられます。一方で、費用とは、資産を減少させる原因といえます。費用は、売上原価、販売費及び一般管理費、営業外費用が挙げられ、税金も費用といえます。

会計に関わるほとんどすべての人が、損益計算書で表示される**利益**の金額に興味を示します。利益とは、損益計算書の最終利益である当期純利益を意味するものですが、損益計算書では当期純利益の計算過程において段階的に他の利益も計算・表示します。利益を段階的に計算・表示することによって、利益の発生過程を明らかにします。

利益の種類は５つ

損益計算書に表示される利益は、①**売上総利益**、②**営業利益**、③**経常利益**、④**税引前当期純利益**、⑤**当期純利益**の５つです。

①売上総利益

売上総利益は、次の式で計算されます。

売上高－売上原価＝売上総利益

売上高は、会社本来の営業活動から生み出された収益です。また、売上原価は、当期に販売された商品や仕入原価、製品の製造原価です。

売上総利益は、会社の商品・製品から生み出される利益です。実務では、「粗利（あらり）」ともいわれます。実務上の用語は、経理部やその他の部門の方とスムーズに会話をするために、覚えておくことをお勧めします。

②営業利益

営業利益は、次の式で計算されます。

売上総利益－販売費及び一般管理費＝営業利益

販売費及び一般管理費は、商品を販売するための費用（販売費）と全社的な管理費用（一般管理費）で構成されます。販売費の例としては、広告宣伝費、商品の保管料などが挙げられます。一方で、一般管理費の例としては、家賃や水道光熱費が挙げられます。

販売費及び一般管理費は、実務では、販管費（はんかんひ）または英語でSales, General and Administrative Expensesと表されるため、SGA（エスジーエー）と呼ぶことが多いです。

営業利益は、売上総利益から営業活動に必要な費用を差し引いたもので、本業から得た利益を表します。換言すれば、本業の収益力を示します。

③経常利益

経常利益は、次の式で計算されます。

営業利益＋営業外収益－営業外費用＝経常利益

営業外収益は、営業以外の事業活動から生じた経常的な収益であり、例としては受取利息、受取配当金などが挙げられます。

営業外費用は、営業以外の事業活動から生じた経常的な費用であり、例としては支払利息、社債利息などが挙げられます。

経常利益は資金調達などの営業外活動も含めた会社の経常的な収益力を示す指標として使われ、「ケイツネ」と呼ぶ場合もあります。

④税引前当期純利益

税引前当期純利益は、次の式で計算されます。

経常利益＋特別利益－特別損失＝税引前当期純利益

特別利益、特別損失には、それぞれ臨時の利益、損失が計上されます。企業会計原則によれば、特別損益項目（特別利益と特別損失をあわせていう場合の表現）に属する項目であっても、金額が少ないもの、または毎期経常的に発生するものは、経常損益の区分に含めることができるとされています。

特別利益の代表的な例としては、固定資産売却益が挙げられます。また、特別損失の代表的な例としては、固定資産売却損や災害による損失が挙げられます。固定資産売却益や固定資産売却損は、会社によっては毎期計上され経常性があるといえる場合もありますが、実務上、特別利益に計上されることが多いです。

経常利益から特別損益項目を控除することで、税金費用を控除する前の「税引前当期純利益」が算定されます。

⑤当期純利益

当期純利益は、次の式で計算されます。

税引前当期純利益－法人税、住民税および事業税＝当期純利益

当期純利益は、税金費用（法人税、住民税および事業税）を控除した後の利益で、損益計算書の報告対象となる期間に、会社が最終的にいくら儲けたかを表します。段階利益の最後であることから、最終利益とも呼ばれます。

損益計算書の様式例を示すと次ページの通りです。

◆損益計算書の開示イメージ

科目	金額	
Ⅰ売上高		×××
Ⅱ売上原価		×××
【売上総利益】		×××
Ⅲ販売費及び一般管理費		×××
【営業利益】		×××
Ⅳ営業外収益		
受取利息	×××	
⋮	⋮	×××
Ⅴ営業外費用		
支払利息	×××	
⋮	⋮	×××
【経常利益】		
Ⅵ特別利益		
固定資産売却益	×××	
⋮	⋮	×××
Ⅶ特別損失		
固定資産売却損	×××	
⋮	⋮	×××
【税引前当期純利益】		×××
法人税、住民税及び事業税	×××	×××
【当期純利益】		×××

損益計算書のポイント

損益計算書は、会社の期間（1年、四半期、月次など）ごとの経営成績（儲け具合）を表すものです。損益計算書を読み解くことで、会社が稼いだ金額だけでなく、稼ぐためにかかった費用や本業で稼いだのか、副業で稼いだのか、という点まで把握できます。

ただし、損益計算書での利益や損失は、個別の会計ルールや会計処理方法によって数値が変化するので、次節で述べるキャッシュ・フロー計算書も重要な財務諸表とされています。

1-9 キャッシュ・フロー計算書の必要性

黒字でも倒産してしまうことがある

収益と収入および費用と支出について

黒字倒産という言葉を聞いたことがありますか。黒字倒産とは、損益計算書上では黒字（利益が計上されている）にもかかわらず、会社が倒産してしまうことです。なぜ、このようなことが起こるのでしょうか。

会社は、ビジネスを行っていく際に必ずしも現金で商売を行っているわけではありません。契約上、商品を仕入れた際の支払条件を後日での支払とすることもあります。平たい言い方をすれば、仕入先からツケで商品を仕入れることもあるわけです。また、商品を販売する際にも得意先からの回収条件を後日にし、ツケで販売を行うこともあります。支払条件や回収条件は、会社間での交渉の結果、あらかじめ契約によって決まっていることが通常です。

ツケで商品などを仕入れたり販売したりすることを**掛取引**（かけとりひき）といいます。たとえば、掛けで商品10百万円を販売した場合、次の仕訳になります。

（借方）売掛金 10百万円／（貸方）売上高10百万円

売掛金というのは、ツケで販売したことを意味し、得意先から将来的にキャッシュを支払ってもらう権利があることを表しています（なお、ツケで仕入れた場合の将来における仕入先への支払義務は、買掛金という勘定科目を使って表します）。上記の仕訳を見ればわかる通り、実際に会社にキャッシュが入ってこなくても、会計では売上高を計上することがあります。

売上の計上のタイミングと、お金が入ってくるタイミングは同一とは限らないという点は、会計を理解する上で非常に重要です。

売上計上とキャッシュインのタイミングと同様、費用計上とキャッシュアウトのタイミングも同一とは限りません。会計では、費用について、支払のタイミングとは関係なく、購入したものを使い切った時点（財貨を費消するといいます）や、サービスの提供を受けた時点で認識するというルールがあるからです（これを**発生主義**といいます）。

さらに、収益の認識基準および発生主義に基づく費用計上を基礎としつつ、関係性のある収益と費用は対応させ、同一の会計期間で計上する**費用・収益対応の原則**という考え方があります。

まとめとして、会計はルールに基づいて出来上がっているため、売上計上と収入のタイミング、費用計上と支出のタイミングが異なることがあることを把握してください。

このため売上が順調に計上されていても、得意先と合意した回収条件が仕入先への支払条件よりも長期間にわたっており、支払が先行した状態でビジネスが拡大した場合や、得意先の財務状況が急変し代金が回収できないという場合、会社は、適切なタイミングで資金を調達しないと資金繰りに窮してしまいます。最悪の場合は、倒産に至ります。これが、黒字倒産が起こる理由です。

キャッシュ・フロー計算書

これまでの説明で、「損益計算書を見ただけでは、実際に会社が健康な状態にあるかはわからないな」「損益計算書の数値がよくても資金が適切に回っていなかったら、会社が突然死することもあるかもしれないな」と思った方もいるのではないでしょうか。まさにその通りです。

このため、資金は会社の血液にたとえられることもあります。そして、血液（資金）が問題なく循環しているかを確認することができる財務諸表が、**キャッシュ・フロー計算書**なのです。

キャッシュ・フロー計算書（略語でC/F）は、会社の一定期間におけるキャッシュの流れを表す財務諸表であり、この計算書を見ることで、どのような活動によって現金の出入りが発生したかを把握することができます。

キャッシュ・フロー計算書に記載される３つの内容

キャッシュ・フロー計算書は、資金の動きの性質に応じて下表の3つの活動に区分表示されます。

◆キャッシュ・フロー計算書の構成

区　分	記載される項目
営業活動によるキャッシュ・フロー	・会社の営業力によって、お金を稼ぎ出す力 ▶モノやサービスの売上による収入 ▶モノやサービスの仕入による支出 ▶社員の給与などの支出 ・健全な会社であれば、この区分の数値はプラスになる
投資活動によるキャッシュ・フロー	・工場の新設などの設備投資や固定資産の売却など ▶固定資産、有価証券の売却による収入 ▶固定資産、有価証券の購入による支出 ・投資なので収入より支出が多くマイナスになる
財務活動によるキャッシュ・フロー	・会社の資金調達に関する諸活動 ▶株式の発行による収入 ▶配当による支出 ▶借入金による収入／支出 ・プラスにもマイナスにもなる

また、キャッシュ・フロー計算書の様式は次ページの通りです。

会計上の利益とキャッシュ・フローは一致しない

利益は収益から費用を差し引いて求めますが、先に述べた通り、収益・費用の計上とキャッシュイン・キャッシュアウトには時間差があります。つまり、会計上の利益とキャッシュ・フローは一致しません。

利益が出ているのにキャッシュ・フローがマイナスになる場合は要注意です。特に、売上債権が増加したとき、棚卸資産が増加したときにキャッシュ・フローがマイナスになります。

◆キャッシュ・フロー計算書の様式

Ⅰ　営業活動によるキャッシュ・フロー	
税引前当期純利益	×××
減価償却費	×××
減損損失	×××
受取利息及び受取配当金	△×××
支払利息	×××
売上債権の増減額	△×××
棚卸資産の増減額	△×××
⋮	⋮
小計	×××
利息及び配当金の受取額	×××
利息の支払額	△×××
法人税等の支払額	△×××
営業活動によるキャッシュ・フロー	×××
Ⅱ　投資活動によるキャッシュ・フロー	
有形固定資産の取得による支出	△×××
⋮	⋮
その他	×××
投資活動によるキャッシュ・フロー	×××
Ⅲ　財務活動によるキャッシュ・フロー	
短期借入金の純増減額	×××
⋮	⋮
配当金の支払額	△×××
財務活動によるキャッシュ・フロー	×××
Ⅳ　現金及び現金同等物の減少額	△×××
Ⅴ　現金及び現金同等物の期首残高	×××
Ⅵ　現金及び現金同等物の期末残高	×××

1-10 消費税の概要

すべての会計記録に関連する消費税

消費税の概要

消費税は、商品・製品の販売やサービスの提供などの取引に対して広く公平に課税される税で、国内において事業者が事業として対価を得て行う資産の譲渡、資産の貸付けおよび役務の提供に課税されるものです。したがって、商品の販売や運送、広告など、対価を得て行う取引のほとんどが課税の対象となります。

消費税は事業者に負担を求めるものでなく、事業者が販売する商品やサービスの価格に転嫁し、消費者が負担する税金です。

消費税に関する考え方

消費税は、負担するのは消費者ですが納税するのは事業者、という構造になっています。このように、税の負担者（消費者）と納税者（事業者）が異なる税金を**間接税**といいます。

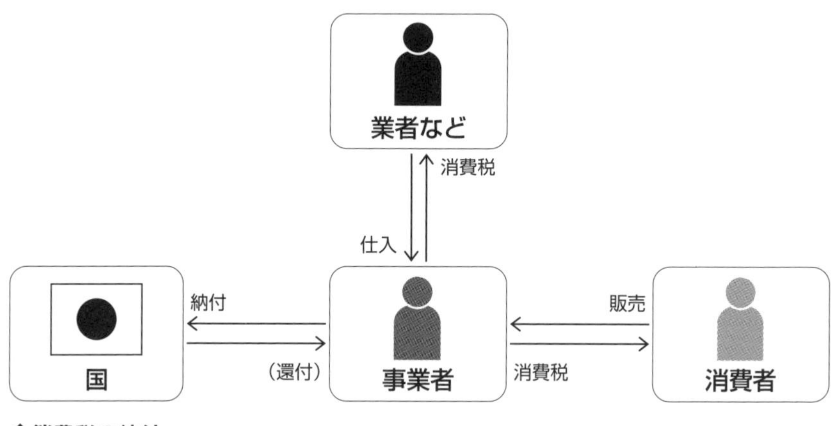

◆消費税の納付

消費税納付の流れ

事業者は、商品などを販売したときに受け取った消費税額から、仕入などのときに仕入先などに支払った消費税額を控除した差額を国に納付します。

商品などの購入者から受け取った消費税の金額よりも、仕入先などに支払った消費税額のほうが多い場合には、その差額は申告して国から還付してもらえます。

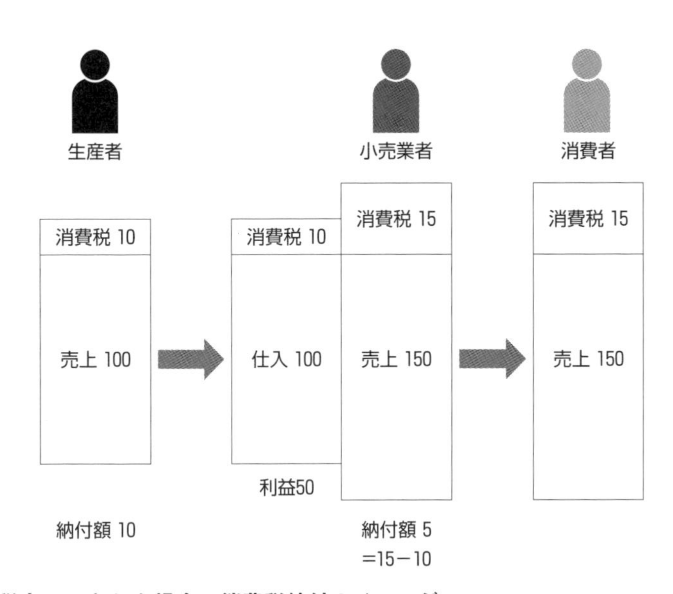

◆**消費税率10%とした場合の消費税納付のイメージ**

消費税における課税判断の観点

消費税については、次の観点で課税関係を判断します。

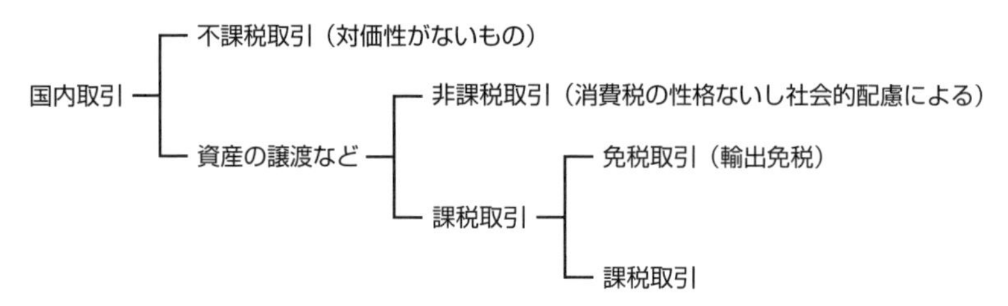

◆消費税における課税関係

①不課税取引

事業者が行う取引のうち対価性がないものは課税対象になりません。例としては、配当金、寄附金、見舞金、保険金、共済金、損害賠償金などが挙げられます。

②非課税取引

本来は課税対象となるものですが、消費税の性格から考えて非課税とされたものと、社会政策上の観点から非課税とされたものとがあります。

消費税の性格から考えて非課税となるものの例としては、土地の譲渡・貸付け、有価証券・支払手段の譲渡、利子・保険料など、商品券・プリペイドカードなどの譲渡などが挙げられます。

一方で、社会政策上の観点から非課税となるものの例としては、社会保険医療、社会福祉事業、学校の入学金などが挙げられます。

③免税取引（輸出免税）

消費税は、国内において消費される商品やサービスについて負担を求めるものであるため、輸出取引などは消費税が免除されます。消費税が免除される取引を免税取引といいます。

第2章

会計システムの概要

2-1 企業内における基幹システムの全体像

基幹システムを構成する業務システムがある

基幹システムとは？

いよいよここからは会計システムについて解説していきますが、まずはその前提として「基幹システム」について説明していきます。

会計システムの設計や導入に関する仕事をしていると**基幹システム**という言葉をよく耳にします。実はこの基幹システムについては特に明確な定義はありません。あえていえば、「販売、購買、生産、経理などの企業活動を支えるシステム群」という定義になります。

また、販売、購買、生産、経理などに関するシステムを一般に「**業務系システム**」と呼ぶこともあるため、基幹システムは「企業活動で利用する業務系システム群」ともいえます。そして、その中でも「会計システム」は基幹システムの主役ともいえる存在です。

基幹システムを構成する業務システム

基幹システムは各企業の業種や事業規模により違いはあるものの、通常は次のような業務システムを含んでいます。ここでは会計システム以外の各業務システムの概要を解説します。

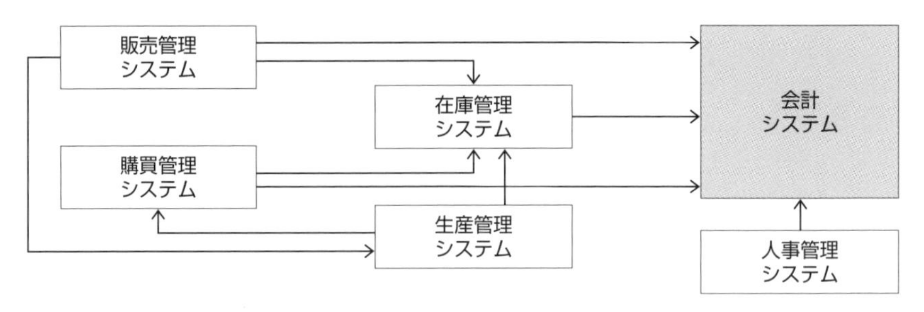

◆基幹システムを構成する業務システム

販売管理システム

顧客からの受注を登録して、その受注に基づき、商品や製品を出荷、納品し、売上計上を行うプロセスを管理するシステムです。主に、営業部門や地域の販売拠点が利用するシステムです。

購買管理システム

仕入先への発注を登録して、その発注に基づき、原材料や商品を検収して仕入計上を行うプロセスを管理するシステムです。主に、資材部や購買部という調達関連部門が利用するシステムです。

在庫管理システム

製品の生産に使用する原材料、工場で生産された製品、外部から仕入れて販売する商品などに関する増減および残高にかかるプロセスを管理するシステムです。

原材料は外部からの仕入により増加し、製品の生産により減少します。製品は生産により増加し、販売により減少します。商品は外部からの仕入により増加し、販売により減少します。また、棚卸しの実施により、実際に数えた在庫数量とシステム上の数量に差異が発生した場合、実際の数量に補正します。この補正を**棚卸減耗**といいます。

主に、営業部門、購買部門、生産部門などが利用するシステムです。

生産管理システム

製品の生産計画、生産に必要な原材料の構成や数量の計算、工場に対する作業の指示、生産した製品の生産量の報告、生産に使われた原材料の使用量および作業時間の報告など、生産活動に関するプロセスを管理するシステムです。主に、生産管理部、生産技術部、製造部といった生産活動に関連する部門が利用するシステムです。

人事管理システム

社員の個人情報や配属履歴などの人事情報の管理、人事評価、勤退情報の集計、給与・賞与の計算など、従業員に関する業務プロセスを管理するシステムです。主に、人事部や総務部などが利用するシステムです。

◆一般的な業務システムの構成

業務システム	製造業	商社・小売業	システム開発業	建設業
販売管理システム	○	○	○	○
購買管理システム	○	○	△	○
在庫管理システム	○	○	×	○
生産管理システム	○	△	○	○
人事管理システム	○	○	○	○
会計システム	○	○	○	○

○：あり　△：規模によってあり　×：なし

この表を見るとわかるように、業種・業態によって利用する基幹システムの種類は異なりますが、いずれの業種・業態にも会計システムは必ず含まれています。

すべての業種・業態に必要なシステムは、販売管理、人事管理、そして会計です。企業は必ず収益をもたらす経済活動を行いますし、社員がいる限り人事管理は必要です。会計はすべての企業の経済取引を把握、記録、集計、報告する仕組みであるので、業種・業態に関係なく必要になるのです。

業種や事業規模により業務システムの範囲はさまざま

基幹システムを構成する業務システムの範囲は、業種・業態や企業の規模により異なります。とはいえ、業種によってある程度一般的な業務システムの構成があるため、それを基本形としつつ、事業規模などに応じてシステムの一部では個別システムを利用せず、表計算ソフトで対応するなど、企業ごとに異なっています。

たとえば、製造業では生産活動を行うので生産管理システムが必要なのに対し、商社や小売業のような業種ではそのようなシステムは必要ありません。例外として、一部、仕入れた商品に対して加工を行った上で販売している商社や小売業などでは、その業務の規模に応じて簡単な生産管理システムを導入している場合もあります。

別の例として、システム開発業や建設業といった業種では、生産管理システムの代わりに、**プロジェクト管理システム**を利用します。プロジェクト管理システムとは、個別の案件（プロジェクト）に対する作業内容や作業スケジュールの管理、プロジェクト予算の執行管理、作業やスケジュールの進捗や遅延の管理などに関するプロセス全体を管理するシステムです。

しかしながら、在庫管理システムや購買管理システムについては、システム開発業と建設業ではその利用状況に違いが出てきます。

システム開発業ではコストの中心は社内外の人件費であり、原材料に該当するものはほぼないので、基本的に在庫管理システムは不要なのに対し、建設業では、建築資材を取り扱うため必要になってきます。

購買管理システムに関しては、システム開発業では調達の内容はほぼ業務委託なので、契約→請求書受領→支払といったシンプルなプロセスとなり、業務量次第では購買管理システムを置かない場合もありますが、建設業では、建築資材の発注や受入れを行うため必要になってきます。

2-2 広義と狭義の会計システム

会計システムの全体像と位置づけ

基幹システムにおける会計システムの位置づけ

会計システムは、前節で解説した基幹システムと位置づけられる他の業務システムで発生した各種の取引結果を記録するシステムになります。

販売管理システムからは売上に関する実績データ、購買管理システムからは原材料、商品、外注費などの仕入に関する実績データ、在庫管理システムからは原材料、商品、製品の入出庫に関する実績データ、人事管理システムからは給与、賞与などに関する実績データを受け取ります。

生産管理システムから直接データを受け取ることはありませんが、購買管理システムや在庫管理システムから連携する実績データの集計や計算を行っています。

このような関係から、会計システムから見た他の業務システムを「**上流システム**」と呼ぶこともあります。なお、上流システムから会計システムへは「仕訳」を作成することができるデータが連携されることになりますが、その内容については第5章で詳しく解説することにします。

会計システムとは？

「会計システム」は「財務システム」や「経理システム」ということもありますが、会計システムの範囲には、**広義の会計システム**と**狭義の会計システム**の2つのタイプがあります。

広義の会計システムは、「経理部門が主として利用する業務システム群」であり、具体的には「債権管理システム」、「債務管理システム」、「固定資産管理システム」、「経費管理システム」、「資金管理システム」、「原価管理システム」、「総勘定元帳システム」などがあります。一方、狭義の会計システムは、上記の中の「総勘定元帳システム」のみを指します。

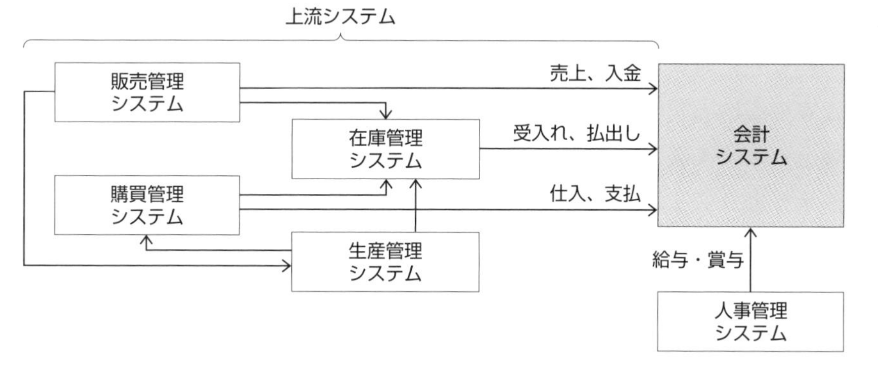

◆基幹システムの上流システムと下流（会計）システム

広義の会計システムを構成する業務システム

広義の会計システムは各企業の業種や事業規模により違いはあるものの、一般的には次のような個別システムが含まれています。

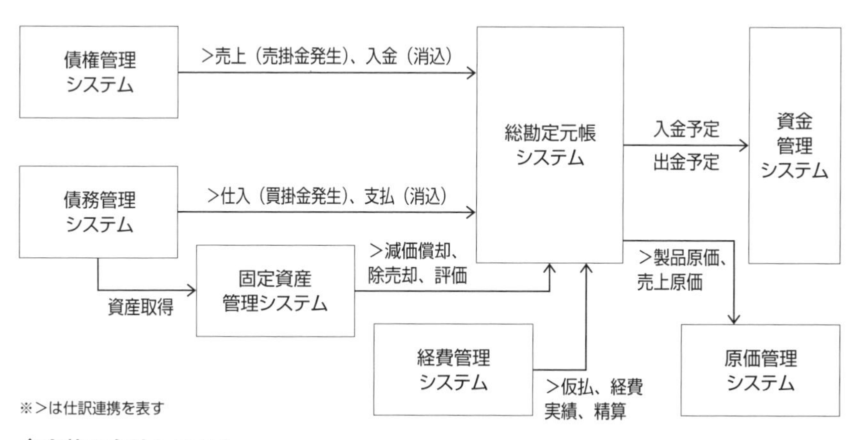

◆広義の会計システム

債権管理システム

得意先に対する売上代金（売掛金）の請求書の発行、入金による消滅、残高や滞留の状況などを管理するシステムです。売掛金だけでなく、立替金や未収入金など、その他の債権も含めて管理することもあります。債権管理システムは販売管理システムと会計システムの間に位置し、両者の橋渡しを行います。なお、債権管理システムとして独立して存在せず、販売管理システムの機能に含まれている場合もあります。

債務管理システム

仕入先からの請求書の受領、支払、残高状況などを管理するシステムです。買掛金だけでなく、前渡金や未払金など、その他の債務も含めて管理することもあります。購買管理システムと会計システムの間に位置し、両者の橋渡しを行います。なお、債務管理システムとして独立して存在せず、購買管理システムの機能に含まれている場合もあります。

固定資産管理システム

建物、機械装置などの有形固定資産やソフトウェアなどの無形固定資産といった固定資産に関する、台帳管理、減価償却費の計算などを行うシステムです。なお、購入ではなくリース契約で取得した有形無形固定資産などを管理する機能も含んでいます。

経費管理システム

社員が立て替えた出張旅費などの経費の申請および精算や、購買管理システムを使用せず、業者から受領した請求書に基づいて経費の計上および支払などを行うシステムです。

資金管理システム

現金を管理するシステムです。売掛金の入金予定や、買掛金、人件費、借入金の返済予定などを記録し、資金が不足しないように資金の出入りを管理するシステムです。

原価管理システム

製品の製造原価を計算するシステムです。個別の生産指示や、製品ごとに原材料の使用実績や作業者の作業時間を集計して製品の製造原価を計算します。

総勘定元帳システム

企業の各種取引活動を記録し、決算書や各種会計帳簿を作成するためのシステムです。詳しくは次項で解説します。

狭義の会計システムとしての総勘定元帳システム

次に、狭義の会計システムですが、これは前述の通り、**総勘定元帳システム**を指しています。総勘定元帳システムとは、商品の仕入や販売など、企業の各種取引活動を「**仕訳**」という形式で登録した上で、それを集計することにより、貸借対照表や損益計算書といった財務諸表や総勘定元帳、試算表といった各種会計帳簿を作成するシステムです。

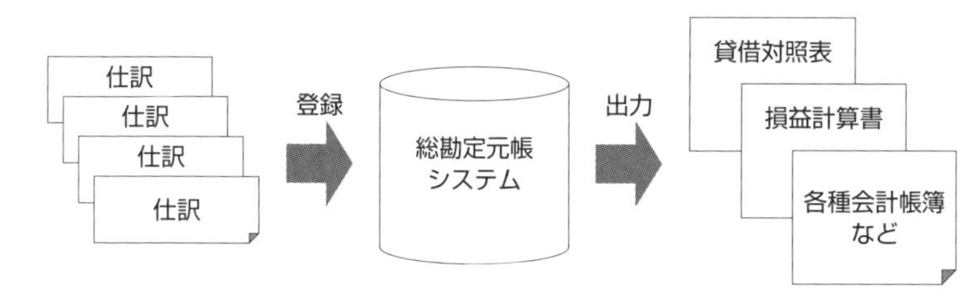

◆総勘定元帳システムのイメージ

広義の会計システムと狭義の会計システムの関係

このように、「会計システム」にもさまざまな定義があり、広義の会計システムにはさまざまな個別システムが含まれますが、本書では狭義の会計システムである総勘定元帳システムに絞って詳しく解説していきます。以降、「会計システム」という表現は「総勘定元帳システム」を指していると解してください。

2-3 マスタの種類とその管理

会計システムで使用する各種マスタを把握する

仕訳に必要な項目

会計システムは「**仕訳**」を登録して集計する仕組みですが、ここでは、具体的にどのような情報を登録するのかについて解説します。

簿記のテキストやネット上の仕訳の解説などで次のような仕訳をよく見かけるかと思います。

◆仕訳の基本要素

借方			貸方	
売掛金	110,000	/	売上高	110,000

ここでいう売掛金、売上高は「**勘定科目**」と呼ばれるものです。110,000は金額です。この仕訳は「110,000円で販売し、代金は掛（現金引換えではなく後日支払を受けること）にした」ことを表しています。

このように仕訳には、勘定科目と金額があり、借方と貸方が同額となっていれば仕訳情報として最低限成立しますが、実務上は会計システムに登録する仕訳情報には次のことが必要になります。

・日付

取引の発生日を登録します。取引がどの会計年度に属するものかを判定します。

・摘要

取引内容の詳細を記録しておくためのメモ欄です。どのような内容を記載するかについての細かな決まりはありませんが、一部、税法により指定されている場合があります。

これらの項目を加えた仕訳は次のようになります。

◆日付と摘要を加えた仕訳イメージ

日付　2020年11月30日
摘要　○○商事への売上

借方		/	貸方	
売掛金	110,000	/	売上高	110,000

これだけの情報があれば、貸借対照表や損益計算書といった財務諸表や総勘定元帳、残高試算表などの帳票を作成することができます。

会計システムに求められる役割は広がっている

近年の会計システムは、経営管理や情報開示のためのより多くの情報を蓄積することが求められており、さらに次のような項目の情報を管理することが求められます。

- **部門**：部門単位の管理
- **事業セグメント**：複数の事業を営む場合の事業単位の業績管理
- **プロジェクト**：案件単位の管理
- **取引先**：顧客別の取引額や債権債務残高の管理
- **増減理由**：キャッシュ・フロー計算書を作成するためのもの

仕訳に必要な項目はマスタ管理を行う

仕訳に必要な項目は、日付や金額のような情報を除き、通常はマスタ化されています。以下、仕訳に最低限必要な「勘定科目」、「摘要」と上記項目について、その内容とマスタの特徴を解説します。

勘定科目

勘定科目は仕訳取引の内容を表す項目であり、仕訳にとって必ず必要な項目です。

勘定科目マスタは、「勘定科目コード」と「名称」以外にもいろいろな項目を設定します。重要な設定として、次のようなものがあります。

- **貸借対照表/損益計算書科目区分**
- **消費税区分**
- **入力可能項目**

「**貸借対照表/損益計算書科目区分**」とは、その勘定科目が貸借対照表に関連する科目か損益計算書に関連する科目かの区分です。この区分は、単にどちらの財務諸表に表示される勘定科目なのかの違いだけでなく、システム的に重要な意味を持っています。これについては第3章で詳しく解説するので、ここではこのような設定が必要であることだけを知っておけば十分です。

「**消費税区分**」は、消費税の税額の計算のために、仕訳の明細に消費税の内容を把握しておく必要があります。たとえば、売上高に関する明細には「課税売上げ8%」、「課税売上げ10%」、「非課税売上げ」、「免税売上げ」の消費税区分を登録することになります。

・仕訳登録を誤らないために

この勘定科目と消費税の関係を指定して仕訳に誤った消費税コードが登録されないように制御します。いろいろな設定方法がありますが、たとえば、次のような制御方法があります。

- 勘定科目マスタに消費税コードは不要である旨の設定をする。これにより仕訳計上時に消費税コードが入力できなくなる
- 勘定科目マスタに特定の消費税コードを指定する。これにより仕訳計上時にその勘定科目は勘定科目マスタで指定した消費税コードしか使えなくなる
- 勘定科目マスタに特定の消費税コードの初期値を指定する。これに

より仕訳計上時にその勘定科目は勘定科目マスタで指定した消費税コードが初期値として表示され、必要に応じ消費税コードの変更を行うことができる

・入力可能項目によって勘定科目に必要な項目を制御する

「**入力可能項目**」とは、仕訳を計上する際の勘定科目ごとの他の項目の入力の要否を設定します。この設定により仕訳計上時にそれぞれの勘定科目に必要な項目が制御されます。たとえば、下表では「売上高」は増減理由以外のすべての項目の入力が必須であり、「借入金」は取引先、増減理由が必須で、部門、事業セグメント、プロジェクトは入力不可となります。「給与」は部門、増減理由の入力が必須となり、事業セグメント、プロジェクト、取引先は入力不可となります。

◆入力可能項目の設定イメージ

勘定科目	項目				
	部門	事業セグメント	プロジェクト	取引先	増減理由
売上高	必須	必須	必須	必須	不可
借入金	不可	不可	不可	必須	必須
給与	必須	不可	不可	不可	必須

部門

部門とは仕訳を組織別に管理するための項目です。部門別の損益管理などに使用します。売上や経費に関する仕訳を計上する際に部門を指定することにより、部門別の損益管理を行うことができます。

◆部門を登録した仕訳イメージ

日付　2020年11月30日
摘要　○○商事への売上

借方			貸方	
売掛金	110,000	/	売上高 (課税売上げ10%)	110,000
第1営業部門			**第1営業部門**	

また、部門は部門別の経費の予算実績管理にも使用します。事前に会計システムに勘定科目別、部門別、月別に予算情報を登録します。この予算情報と仕訳で登録された実績情報を対比させることにより、部門別の経費予算の管理を行います。

部門マスタも、「部門コード」と「名称」以外にも、いろいろな項目を設定しますが、重要な機能として「**有効期間**」や「**計上不可フラグ**」を設定することがあります。これにより、使用しなくなった部門に対する実績計上のブロックや、将来の組織変更後の部門を事前に登録しておくことが可能になります。

事業セグメント

事業セグメントとは、複数の事業を行っている場合、どの事業に関連した取引なのかを記録するための情報です。いわゆる上場企業の場合、事業セグメントに関する情報開示が義務付けられています。

◆事業セグメントを登録した仕訳イメージ

日付　2020年11月30日
摘要　○○商事への売上

借方		/	貸方	
売掛金	110,000	/	売上高	110,000
			(課税売上げ10%)	
第1営業部門			第1営業部門	
システム開発事業セグメント			**システム開発事業セグメント**	

事業セグメントマスタは通常、各企業の経営管理上必要な単位で設定します。一方で、情報開示で求められている事業セグメントの単位は、管理上のそれより粗いため、情報開示の際にはそれをグルーピングして開示することになります。

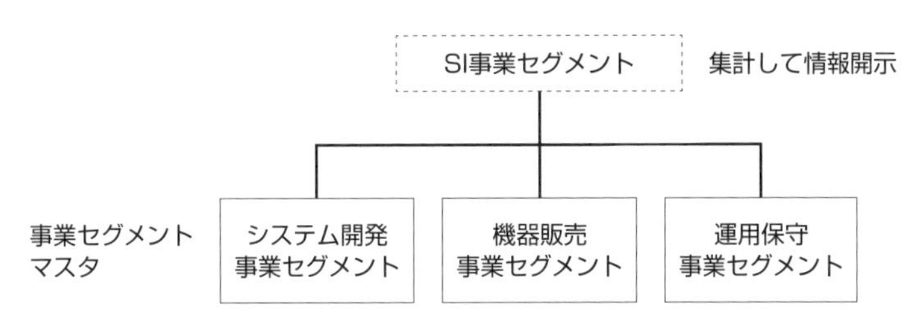

◆事業セグメントマスタのイメージ

プロジェクト

プロジェクトとは、企業活動を目的別に記録するための情報です。たとえば、企業があるイベントを行った際に、そのイベントに要した費用や収益を集計する場合に使用します。また、コンサルティング会社やシステムベンダーなどが「案件」ごとに損益を集計する際にも使用します。

◆プロジェクトを登録した仕訳イメージ

日付　2020年11月30日
摘要　○○商事への売上

借方			貸方	
売掛金	110,000	/	売上高	110,000
			(課税売上げ10%)	
第1営業部門			第1営業部門	
システム開発事業セグメント			システム開発事業セグメント	
基幹システム刷新プロジェクト			**基幹システム刷新プロジェクト**	

プロジェクトマスタの設定項目としては、「プロジェクトコード」や「名称」の他に、部門コード同様に「有効期間」や「計上不可フラグ」が設定され、将来開始するプロジェクトを事前に設定したり、終了したプロジェクトに対する実績計上のブロックをできるようにしたりします。

取引先/(得意先・仕入先)

取引先とは、誰との取引であるかを記録するための情報です。得意先別売上高の集計や仕入先別の取引実績の集計など、経営管理のために使用します。また、連結財務諸表を作成する際の、グループ間取引の把握のための項目としても利用します。

◆取引先を登録した仕訳イメージ

日付　2020年11月30日
摘要　○○商事への売上

借方		/	貸方	
売掛金	110,000	/	売上高	110,000
			(課税売上げ10%)	
第1営業部門			第1営業部門	
システム開発事業セグメント			システム開発事業セグメント	
基幹システム刷新プロジェクト			基幹システム刷新プロジェクト	
○○商事			**○○商事**	

増減理由

増減理由とは、財務諸表のひとつである「キャッシュ・フロー計算書」を作成するために必要な情報を収集するために使用します。キャッシュ・フロー計算書については第3章で詳しく解説しますが、増減理由コードを使ってキャッシュ・フロー計算書を作成するために現金や預金の増減理由を仕訳に登録します。

◆増減理由を登録した仕訳イメージ

日付　2020年12月28日
摘要　○○商事からの入金

借方		/	貸方	
普通預金	110,000	/	売掛金	110,000
第1営業部門			第1営業部門	
システム開発事業セグメント			システム開発事業セグメント	
基幹システム刷新プロジェクト			基幹システム刷新プロジェクト	
○○商事			○○商事	
営業収入による増加			**営業収入による増加**	

勘定科目によって必要な項目は異なる

ここまでの解説では、便宜上、各仕訳の借方、貸方に同じ項目が入る前提でしたが、実務においては、借方、貸方に同じ項目が入るわけではなく、**勘定科目ごとに管理すべき項目が異なってくる**ものです。

どの勘定科目に何の項目を登録するのかについては、各企業が会計システムにどこまでの情報を求めるかによって変わってくるので、その都度要件を確認する必要があります。

その他の項目

これまで、一般的な項目を解説してきましたが、会計システムに設定する項目には特に制限はありませんので、各企業のニーズに応じて上記以外にもいろいろな項目を設定することがあります。たとえば、製品別の損益を集計するために「製品番号」を設定したり、売掛金の入金予定を把握するために「入金予定日」を設定したり、買掛金の支払予定を把握するために「支払予定日」を設定することもあります。

◆その他の項目の例

項　目	関連する勘定科目	用　途
製品番号	売上、売上原価、販売費など	製品別損益の把握
入金予定日	売掛金などの債権	将来の入金予測
支払予定日	買掛金などの債務	将来の支払予測

2-4 主要マスタ 勘定科目と組織

勘定科目と組織のグルーピングと体系

勘定科目の並び順はおおむね決まっている

勘定科目をコード化する考え方は企業によって大きな違いはありません。並び順としては、貸借対照表関連の勘定科目から始まります。貸借対照表関連の勘定科目は資産、負債、純資産の順に並びます。

◆貸借対照表勘科目のコード体系イメージ

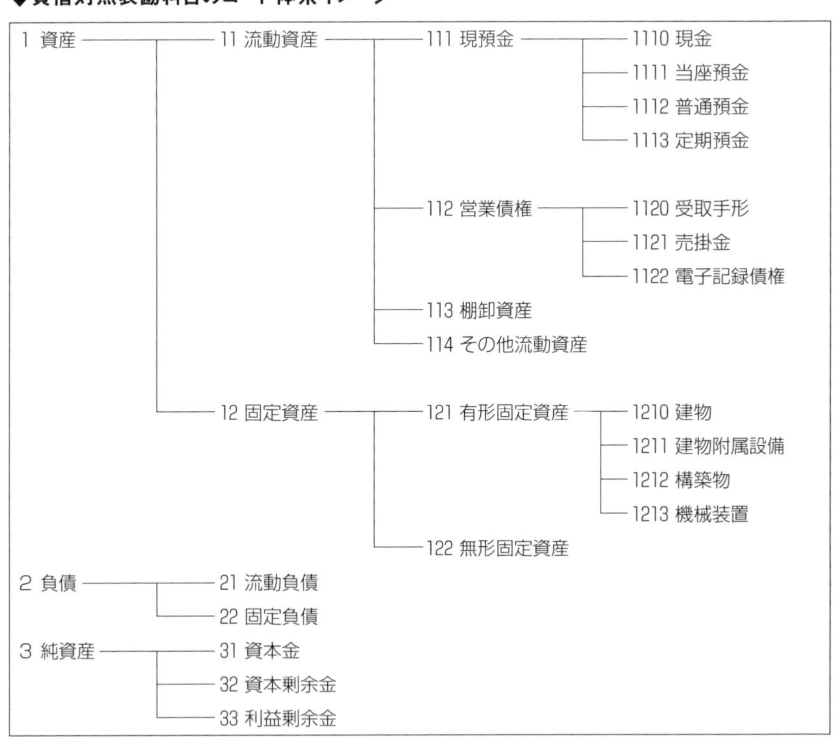

次に、損益計算書関連の勘定科目が続き、損益計算書関連の勘定科目も売上高、売上原価、製造原価、販売費および一般管理費、営業外損益・特別損益、PL末尾の順に並びます。

◆損益計算書科目のコード体系イメージ

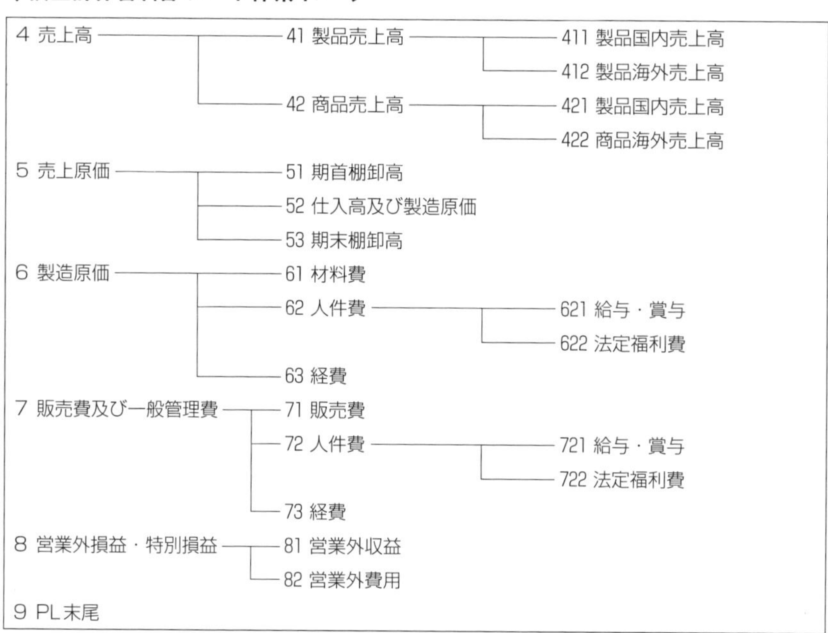

ここで普通預金を例として採番方法の説明をすると、頭1桁目で資産、2桁目で流動資産、3桁目で現預金、4桁目で普通預金となり、1112としています。このように、勘定科目コードの頭数桁を使って、その科目が財務諸表上のどこに所属する勘定科目か一目でわかるような採番をすることが多いです。

勘定科目のグルーピング機能（表示科目）が必要

仕訳は勘定科目コードを使って登録しますが、社内管理上や情報開示という点では少し細かいので、財務諸表を作成する際には、勘定科目を集約する必要があります。これを一般的に「**表示科目**」と呼びます。この表示科目による集計を実装するために、会計システムでは通常、科目をグループ化する機能があります。

勘定科目とは別に**勘定科目グループ**というマスタがあり、勘定科目グループを階層的に定義した上で勘定科目をぶら下げます。この方法だと、勘定グループを複数パターン用意することができ、経営管理目的や開示目的などの目的に応じた表示が可能になります。

なお、表示科目の設定方法として、勘定科目マスタの中で、その勘定科目が所属する表示科目コードを割り当てる方法もありますが、この方法だと表示できるのは1つのパターンのみとなります。

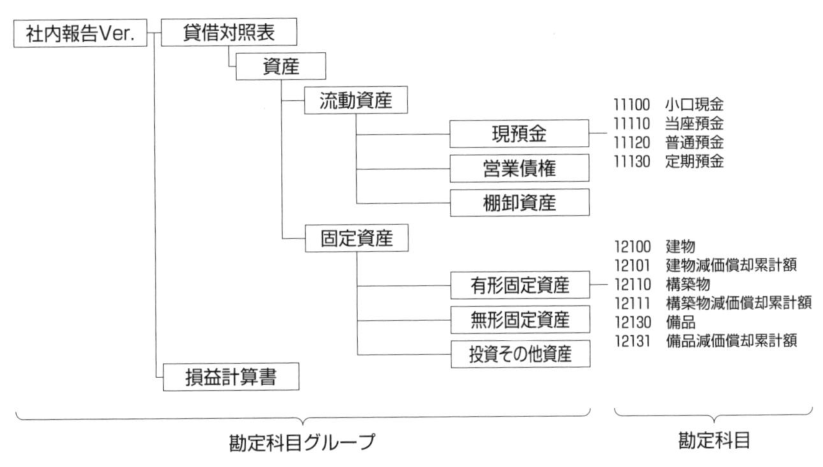

◆勘定科目のグループ化のイメージ

勘定科目を細分化する補助科目

社内業務管理上、勘定科目レベルだと案件別、相手別などの内訳管理ができない場合、**補助科目**を使用します。たとえば、普通預金勘定に対して口座ごとの補助科目を設定して、銀行口座別の残高管理を行うことがあります。他には借入金の契約別管理や、有価証券の銘柄別管理などの際にも補助科目を使用します。

◆補助科目を使った仕訳のイメージ

日付　2020年12月28日
摘要　○○商事からの入金

借方			貸方	
普通預金	108,000	/	売掛金	108,000
A銀行四谷支店				

組織体系は目的に応じて複数設定する

部門コードのような組織体系についても、勘定科目と同じように目的に応じて複数の組織体系を設定できるようにします。部門コードとは別に**部門グループ**というマスタがあり、部門グループを階層的に定義した上で部門コードをぶら下げます。

下図は、職能別の組織体系では、営業、製造といった職能別のグルーピングにより各職能に属する部門コードを割り当てている例です。

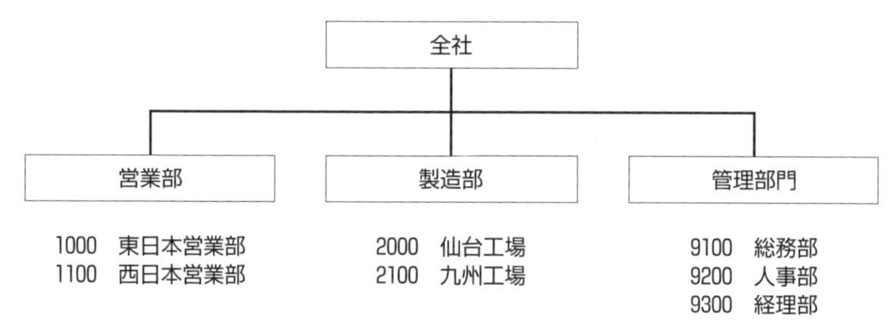

◆職能別の組織体系のイメージ

この他、地域別に組織体系を把握することもあるので、地域を基準として部門コードを割り当てている例を紹介します。

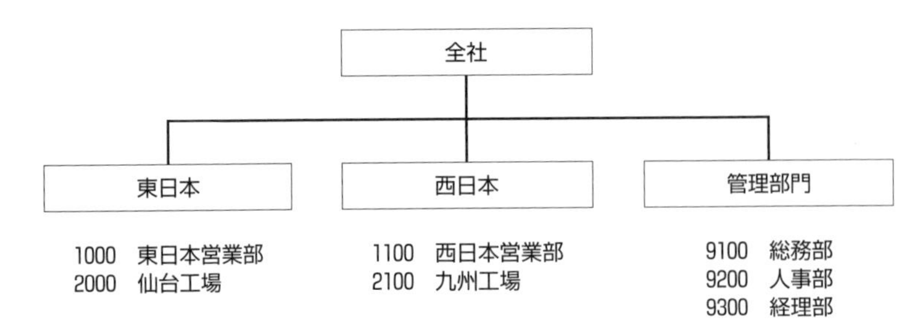

◆地域別の組織体系のイメージ

部門と他の項目との関係

部門コードは、部門コードと他の項目との整合性を制御する場合があります。

勘定科目コードとの関係でいえば、たとえば、営業部門や経理部門が製造原価関連の勘定科目を使用することは通常ありません。逆もしかりで、製造部門が販売費及び一般管理費関連の勘定科目を使用することも通常はありません。よって、このような通常想定しない科目と部門の組み合わせの仕訳が計上されないように、**登録可能な組み合わせを定義したマスタを設定しておき、仕訳を登録する際にチェックをかける**機能を作成している場合があります。

また、事業セグメントとの関係でいえば、ある部門に対して事業セグメントが固定的に決まる場合には、部門マスタの中で、事業セグメントを指定しておくことにより、**仕訳計上時に部門コードを選択した時点で事業セグメントが自動的に代入される**ような機能もあります。

2-5 伝票の入力と決算処理

会計システムのサイクルと決算報告

会計システムのサイクル

会計システムは、基本的には**会計年度**をひとつのサイクルとしています。会社は決算日を任意に決めますが、日本では3月末日を決算日とする会社が多く、その場合の会計年度は4月から3月の1年間となります。

期首（会計年度の初日、3月決算の場合には4月）から始まり、期中（会計年度期間中）に仕訳を登録し、期末（会計年度の最終日）に決算を締めて財務諸表を作成して株主への報告や税金の納税などを行い、そしてまた翌会計年度が始まるというサイクルです。

月次決算のサイクル

1年間という会計年度サイクルに加えて、1カ月をサイクルとした「**月次決算**」による経過管理を行うのが通常です。

期中（月中）は、営業、購買、生産、人事などの各部門が、その都度、取引を計上して、そのデータが会計システムに登録されます。

月末を迎え、翌月になると、通常翌月3営業日以内に各部門の仕訳計上を締め切ります。そして、経理部門が月次決算に必要な仕訳を登録し、通常は5～10営業日で月次決算を完了します。

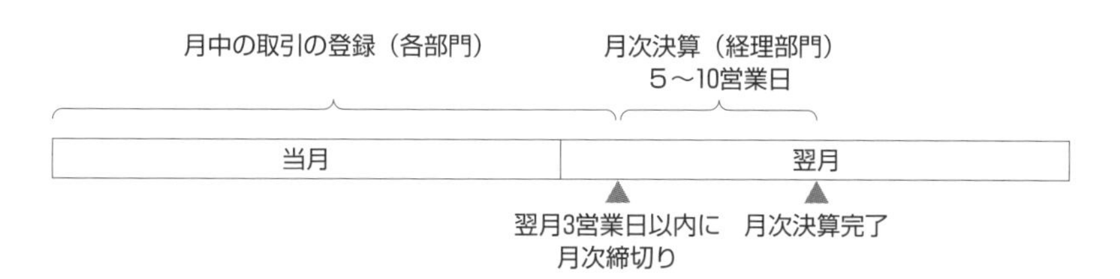

◆月次決算のサイクル

年度末の決算サイクル

月次決算を繰り返し会計年度末を迎えると、経理部門は**年度末決算**を実施します。年度末決算は月次決算とは違い、外部に会社の業績を報告するので精緻な損益計算が求められ、通常、期末日の翌月の中旬から下旬頃までかかります。年度末決算の結果は株主総会に報告され、承認を受けた上で一般に開示するとともに税務申告を行います。

年度末決算

第１四半期	第２四半期	第３四半期	第４四半期	翌期第１四半期

第１四半期決算　第２四半期決算　第３四半期決算　年度末決算完了

◆年度末の決算サイクル

四半期の決算サイクル

なお、上場企業は年度末決算に加えて、3カ月ごとに決算を行う、「**四半期決算**」による情報開示が求められています。四半期決算は通常四半期末の翌月下旬頃には決算を完了させます。

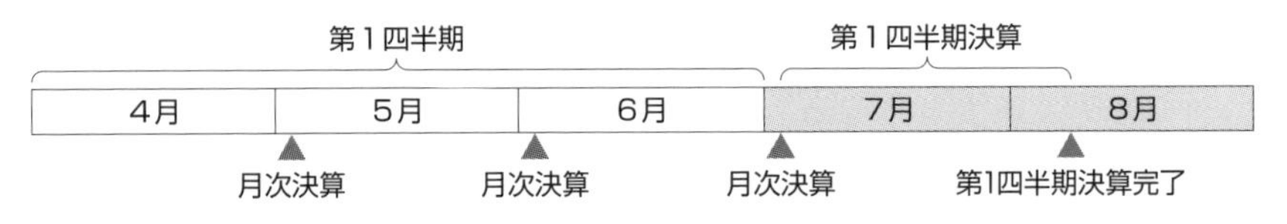

◆四半期決算のサイクル

各決算は決算仕訳の内容が異なる

月次決算、四半期決算、年度末決算では、経理部門が計上する決算仕訳に違いがあります。

月次決算は社内管理を目的とした決算であり、外部に開示する情報ではないため、そこで計上する決算仕訳は各企業が決めます。

四半期決算は上場企業に義務付けられた決算であり、外部に開示する情報であるため一定のルールが定められていますが、四半期決算は年度末決算に対する経過報告としての位置づけであるため、求められる決算仕訳の中には年度末決算ほどの確度を求められていない処理があります。

年度末決算は（「期末決算」ともいいます）、1年間の「年度」の締めであり、1年間の損益などを確定させ法人税などの納税も行うため、それ相応の精緻な決算仕訳の計上が求められます。

通常仕訳と決算仕訳を区別する

会計システムによっては、決算仕訳が月次決算や四半期決算の影響を受けないような配慮がされています。各部門が期中に計上した日常取引の仕訳（一般的に「**通常仕訳**」と呼びます）と経理部門が登録する決算仕訳を区別することによって、決算の分析を容易にします。

もし、この区別をしないと、決算仕訳は最終月の通常仕訳と混同されてしまうため、各月の比較性が損なわれます。

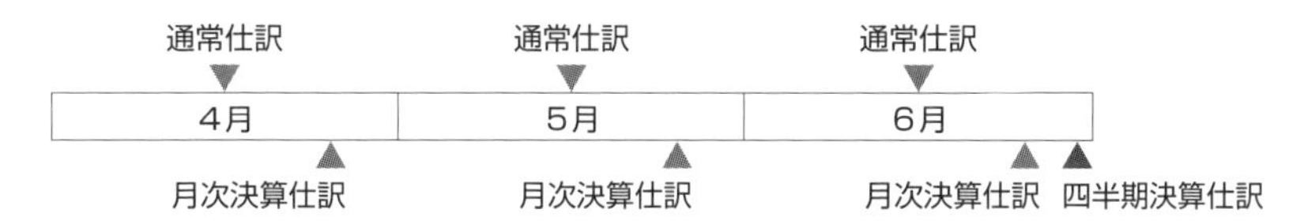

◆決算仕訳を区別しない場合

上図の例では、6月に登録した第1四半期の決算仕訳が6月の月次決算に混ざってしまい、4月、5月と6月で単純な比較ができなくなります。そこで決算仕訳と通常仕訳を区別することにより、6月の月次決算に決算仕訳が影響しないようにします。

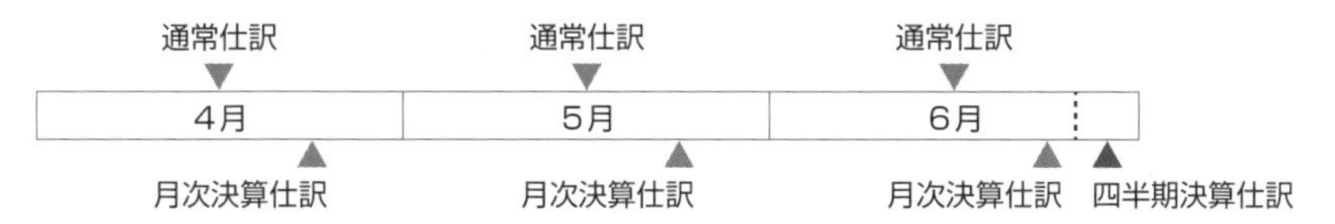

◆決算仕訳を区別している場合

決算の報告

決算が終了すれば、月次決算を除き（社内報告で事足りるため）、企業の利害関係者に**決算報告**を行います。決算報告は、会社法会計、金融商品取引法会計、税法会計で求められています。

会社法会計では、計算書類である「貸借対照表」、「損益計算書」、「株主資本等変動計算書」、「個別注記表」の４つと、「事業報告」と「附属明細書」の２つを、取締役、監査役会、会計監査人、株主に提出することが求められています。

上場企業などが従わなければならない金融商品取引法会計では、有価証券報告書を金融庁に提出することが必要です。その後、有価証券報告書は金融庁が運営するサイト「EDINET」で公開されます。

また、有価証券報告書を提出しなければならない会社のうち、事業年度が３カ月を超える場合（決算期変更等がなければ、ほとんどすべて）には、事業年度の期間を３カ月ごとに区分した四半期報告書を提出する必要があります。

税法会計では、決算時に法人税申告書、消費税申告書を作成して税務署に提出し、法人事業税および法人住民税のための申告書類を都道府県の税務事務所に提出します。

2-6 ユーザー管理と権限

利用者ごとに設定するアクセス権限がある

権限設定の必要性

会計システムの情報は、企業の財政状態や経営成績などの機密情報を含んでいるため、誰でも参照できては困るものです。また、虚偽の取引を計上することができないよう、不正アクセスを防ぐ必要があります。そこで会計システムには**アクセス制限の機能**を備える必要があります。

アクセス制限の機能は、**権限管理**ともいわれます。ここでは、会計システムにどのような権限管理の機能が施されているかを紹介します。

組織別のグルーピング

まず、会計システムに携わる各部門をその関わり方に応じて、「利用部門」、「経理部門」、「経営層」、「情報システム部門（管理者）」にグルーピングします。

「**利用部門**」は、営業、購買、経営企画、製造、生産管理などの経理以外の部門です。経理部門に対する呼称として「現場部門」といったり、「利用部門」と表現したりします。

「**経理部門**」は、決算仕訳を計上し、財務諸表を作成する部門です。

「**経営層**」は、代表取締役、取締役、監査役、監査室などの役員を想定します。

「**情報システム部門**」は、会計システムの運用・保守管理を行う部門です。情報システム部門も利用部門のひとつですが、両者は別のものとして扱います。

職務権限別のグルーピング

次に、「起票者」、「承認者」、「閲覧者」と職務権限別に階層を定義します。

「**起票者**」は、仕訳を未承認の状態まで登録することができる人です。

「**承認者**」は、仕訳を承認することができる人です。起票者が登録した未承認仕訳を承認者が承認処理を行うことにより、仕訳が会計システムに登録されていきます。

「**閲覧者**」は、仕訳の登録や変更はできず、閲覧のみができる人です。

組織と職務権限のマトリックス

権限管理は、組織と職務権限の双方を考慮する必要があるため、これを「**権限グループ**」と呼ぶことにします。

このとき、すべてのセルに対して権限グループを設定する必要はありません。たとえば、経営層は仕訳を登録することはありませんので「閲覧者」として権限のみがあればよく、「起票者」「承認者」の権限を保有する必要はありません。また、管理者も仕訳が登録できる必要はなく、「起票者」の権限を保有する必要がありません。逆に、経理部門は閲覧のみができるユーザーは通常想定されないので「閲覧者」は不要です。

なお、利用部門にて、仕訳承認を課長が行うのであれば、部長は「閲覧者」の権限を割り当てておけばよいことになりますが、課長も部長も仕訳承認を行うのであれば、利用部門には「閲覧者」の権限を付与する必要はありません。

◆組織×職務権限のマトリックス

権　限	経営層	経理	一般部門					管理者
			営業	総務	生産管理	情シス	…	
起票のみ	×	経理1	営業1	総務1	生産管理1	情シス1		×
承認可	×	経理2	営業2	総務2	生産管理2	情シス2		×
閲覧のみ	経営	×	営業3	総務3	生産管理3	情シス3		管理者

権限グループ別の権限設定

次に、権限グループごとに「**実行可能メニュー**」と「**取扱可能部門**」を定義します。メニューとは、会計システムに用意されている各処理のことです。次のようなイメージです。

◆メニューのイメージ

処理メニュー
- 仕訳関連
  - 仕訳登録
- 帳票関連
  - 仕訳一覧表出力
  - 残高試算表出力
  - 総勘定元帳出力
  - 補助元帳出力
  - 決算書出力
- マスタメンテナンス
  - 勘定科目マスタ更新
  - 部門マスタ更新
  - 事業セグメントマスタ更新
- システム設定
  - 会社コード設定
  - 会計年度設定
  - 年度末繰越処理

実行可能メニューとは、各権限グループが実行できるメニューです。権限グループごとに実行できるメニューを取捨選択します。

取扱可能部門とは、各権限グループが仕訳登録や帳票を閲覧できる部門であり、権限グループごとに取扱可能な部門を設定します。

次ページの表の例では、仕訳関連メニューについては、全ユーザーが仕訳登録のメニューを実行できます。ただし、組織と職務権限のマトリックスで定義した通り、営業1、総務1など権限グループ名の末尾が1の権限グループは起票のみ、同じく末尾が2の権限グループは起票および承認、末尾が3の権限グループは閲覧のみが可能です。

また、帳票関連のメニューは、経理と情報システム部門（管理者）はすべての帳票が参照可能ですが、他の部門は、職域に応じて参照できる帳票は限定されています。

マスタメンテナンスのメニューは、経理は勘定科目のマスタ更新はできますが、それ以外のマスタは管理者のみが扱える形になっています。同様に、システム設定のメニューは、経理は年度末繰越処理はできますが、それ以外のシステム設定は管理者のみが扱える形になっています。

次に、取扱可能部門については、経理と管理者はすべての部門を取り扱うことができますが、他の部門は自部門のみが取扱可能になっており、自部門に関する仕訳の登録や帳票の出力しかできないようにします。

◆実行可能メニューと取扱可能部門の定義のイメージ

権限グループ	実行可能メニュー				取扱可能部門
	仕訳関連	帳票関連	マスタ メンテナンス	システム設定	
経理1	仕訳登録	すべて	×	×	全部門
経理2	仕訳登録	すべて	勘定科目マスタ更新	年度末繰越処理	全部門
営業1	仕訳登録	仕訳一覧表出力	×	×	自部門のみ
営業2	仕訳登録	仕訳一覧表出力 残高試算表出力	×	×	自部門のみ
営業3	仕訳登録	仕訳一覧表出力 残高試算表出力 補助元帳出力	×	×	自部門のみ
総務1	仕訳登録	仕訳一覧表出力	×	×	自部門のみ
総務2	仕訳登録	仕訳一覧表出力 残高試算表出力	×	×	自部門のみ
総務3	仕訳登録	仕訳一覧表出力 残高試算表出力 補助元帳出力	×	×	自部門のみ
管理者	仕訳登録	すべて	すべて	すべて	全部門
…	…	…	…	…	…

仮に、さらに詳細に権限管理を行うのであれば、「取扱可能勘定科目」、「取扱可能セグメント」、「取扱可能プロジェクト」など、取扱可能な項目の制御を増やしていくことになります。

権限設定は落としどころが大切

このような方法でユーザー別の権限設定を行いますが、より精緻に権限設定を行うのであれば、極端にいえば、ユーザーごとに権限グループを定義することによりユーザー別に権限設定することも可能です。

ただし、あまり細かく権限の設定をしてしまうと、組織の変更やユーザーの異動などにより権限設定を変更する場合の作業負荷が大きくなるため、その点を加味した上でどの程度まで設定するか検討が必要です。

その他会計システムのユーザー管理

その他、会計システムには次のようなユーザー管理機能が求められています。これらは会計システムに限った話ではないかもしれませんが、紹介しておきます。

- **変更履歴などの管理**

  仕訳の登録日付、登録者、承認日付、承認者、変更日付、変更者、変更内容など履歴を保持する機能

- **アクセスログ管理**

  各ユーザーの会計システムへのログイン・ログアウトの日時、各メニューの実行履歴などのログを保持する機能

2-7 電子帳簿保存

証憑と帳票の保存方法の変化が起こっている

会計システムにおける「紙」の位置づけ

会計システムに関連する「紙」という言葉には、大きく次の2つの意味があります。ひとつは、会計システムに仕訳を計上する際にその証跡となる請求書や領収書などの「**証憑**（しょうひょう）」です。もうひとつは、会計帳簿として保管が求められている仕訳帳や総勘定元帳などの「**帳票**」です。

証憑の役割

証憑の役割と「紙」の位置づけについて説明するため、まず、紙を媒介とする仕訳計上プロセスを示します。

STEP 1：仕訳の登録

入力担当者は請求書や領収書などの証憑を元に、会計システムに仕訳を登録します。

STEP 2：回覧

登録した仕訳を印刷したものと証憑を束にして承認者に回覧します。

STEP 3：承認処理

承認者は入力担当者から回ってきた束を元に、会計システムに登録された仕訳を呼び出して承認処理を行います。

STEP 4：保管

承認された束は、最終的にファイリングされ保管されます。

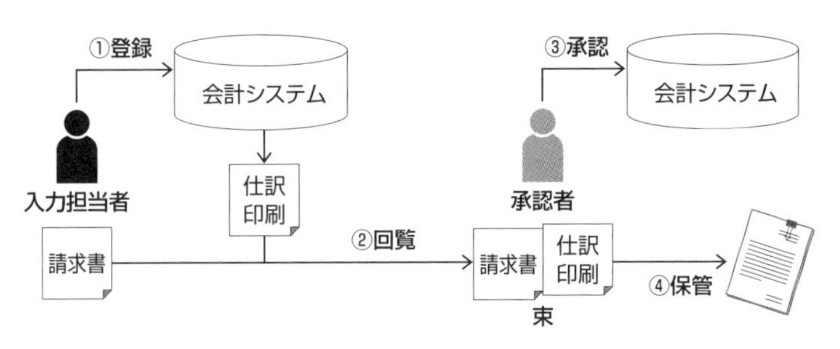

◆紙を媒介とする仕訳計上プロセス

証憑の電子媒体での保存が可能に

仕訳計上プロセスは「紙」が回覧されるのが基本であり、今でも多くの企業が「紙」を媒介とした仕組みを有しています。税法の要請上、仕訳の元となった証憑類は一定期間の保管が義務付けられ、積極的にペーパーレス化に向かう誘因が働かなかったことがその理由です。

この証憑保管に関して、2015年と2016年に「電子帳簿保存法」が改正され、税務署に事前申請して税務署長の承認を得ることにより、請求書や領収書などの証憑は**電子媒体**で保管することができるようになりました。以下、電子証憑を利用した仕訳計上プロセスの一例を示します。

STEP 1：スキャン

入力担当者は入手した請求書や領収書などの証憑をスキャンして電子証票を作成します。

STEP 2：登録・電子証憑の添付

証憑を元に会計システムに仕訳を登録するとともに、会計システムに電子証憑を添付します。

STEP 3：承認依頼の通知

仕訳が登録されると、会計システムから承認者に対し承認待ち仕訳がある旨が通知されます。

STEP 4：承認処理

承認者は、会計システムを起動して登録された仕訳を呼び出して承認処理を行います。

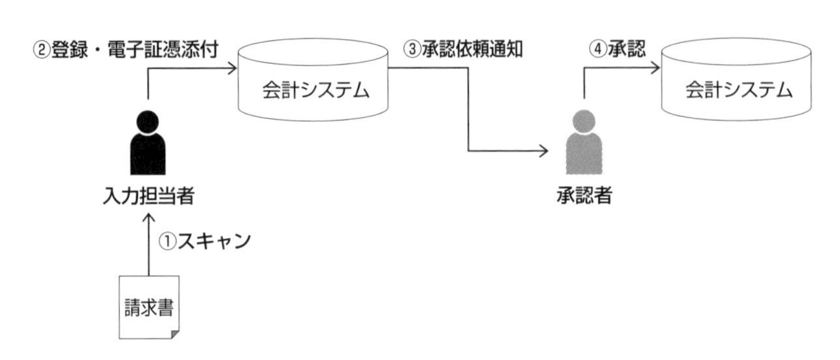

◆電子証憑による仕訳計上プロセス

証憑を廃棄するタイミング

このプロセスにより請求書の保管は必要なくなります。ただ、入力担当者は請求書をすぐに廃棄はできません。なぜなら、電子帳簿保存法では不正や処理誤り防止のため、経理部門などによる定期的な検査の実施が求められており、**検査が終了するまでは保管しておかなければならないから**です。よって検査後にはじめて廃棄できることになります。

電子帳簿保存法は、検査の実施者、実施頻度、実施方法などを細かく定めているので、電子証票導入の際には電子帳簿保存法の要件に適合した運用を構築する必要があります。

帳票の保管とペーパーレス化

企業は会社法で10年間、税法で主に７年間の会計帳簿の保管が義務付けられています。会計帳簿の紙媒体以外での保管は認められていませんでしたが、1998年に**電子帳簿保存法**が施行され、会計システムが一定の要件を満たしており、事前に税務署長の承認を得ることにより紙で保管する以外の方法が認められるようになりました。

ただ、保管の方法は証憑とは多少異なります。証憑はスキャンによる電子化が認められていますが、帳票では認められていません。帳票の場合は、帳票そのものを電子媒体にするのではなく、最初の記録段階から一貫してパソコンを使用して作成した上で、その電磁的記録の備付けをもってその帳簿の備付けおよび保存に代えることができるとされています。つまり、会計システムに計上した仕訳をサーバーやバックアップ機器などで保存した上で、そこから帳票類をすぐに出力できる状態になっていれば、わざわざ印刷して保管しておかなくてもよいということです。

保管が必要なデータの範囲

仕訳データ、つまり会計システムのデータさえ保存しておけば問題ないかといえば、状況によって他の個別システムのデータも電子保管が必要になる場合があります。

電子帳簿保存法では、**取引の最初の段階まで遡れること**を求めています。つまり、たとえば、売上に関する情報であればその元となった個別取引まで遡れることが必要です。以下では、3つのケースを紹介します。

①会計システムに個別取引を登録している場合

個別取引単位で仕訳を計上しています。この場合、会計システムに個別取引が登録されているので会計システムのデータを保管しておけば問題ありません。

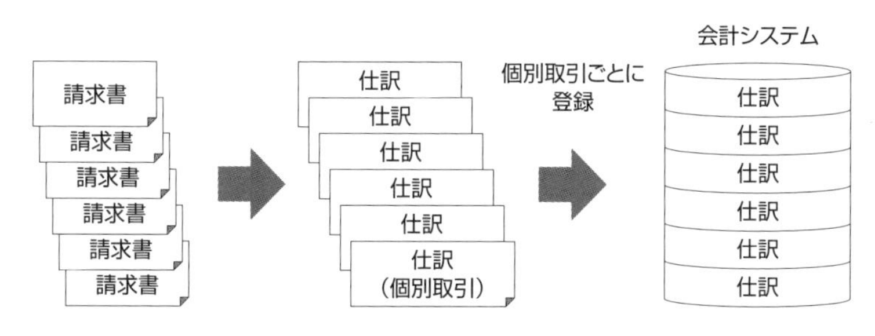

◆ケース①の場合

②手書きの個別取引を会計システムに合計転記している場合

　個別取引を得意先別に集計して会計システムに計上している場合です。この場合、会計システムには個別取引は登録していませんし、販売システムのような個別取引を電子データで保管しているシステムもないので電子帳簿保存は認められません。

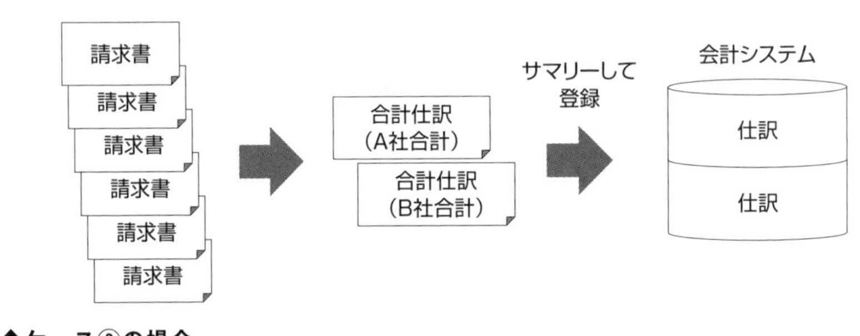

◆ケース②の場合

③販売システムのデータを会計システムに集約して計上している場合

　販売システムに登録された個別取引を、顧客別に集計して会計システムに計上している場合です。この場合、会計システムには個別取引は登録していないので会計システムのデータのみの保管だけでは足りませんが、販売システムに個別取引データが保管されてるため、会計システムと販売システムの両方のデータが保管されていれば問題ありません。

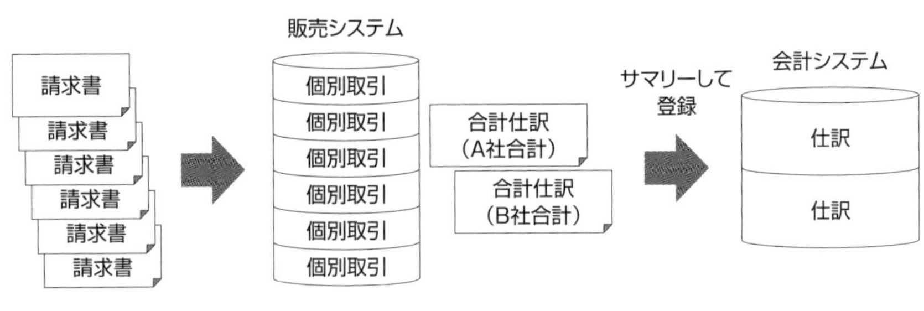

◆ケース③の場合

第章

第3章 会計システムからの出力

3-1

会計情報の出力

用途や局面に応じたアウトプット

インプットは「仕訳」

会計システムのインプットは「**仕訳**」です。この仕訳情報は用途や局面に応じてさまざまな形式で集計されアウトプットされることになります。本章では、まず会計システムから出力されるアウトプットの種類やその内容について解説します。

アウトプットは「帳票」

会計システムのアウトプットは「**帳票**」です。帳票は大きく次の4つに分類することができます。

財務諸表

貸借対照表、損益計算書、キャッシュ・フロー計算書などです。貸借対照表は一定時点における財政状態、損益計算書は一定期間における企業の経営成績、キャッシュ・フロー計算書は一定期間におけるキャッシュの流れを外部に報告するためのものです。

会計帳簿

財務諸表の作成の基礎となった情報に関する「帳票」です。具体的には、仕訳帳、総勘定元帳、預金出納帳、得意先元帳、仕入先元帳などがあります。第2章で解説した通り、これらの会計帳簿は一定期間、紙媒体や電子媒体で保管する義務があります。

管理帳票

会計帳簿以外の各種帳票です。財務諸表の作成時における入力内容の確認や経過の確認などに使用する帳票と、管理会計として社内の業績管理や経費管理のための帳票があります。前者には残高試算表、月次推移表などがあり、後者には部門別一覧表、プロジェクト元帳、取引先別一覧表、セグメント別元帳などがあります。

税務用帳票

法人税や消費税の税務申告に必要な情報を集計した帳票です。会計システムには通常、消費税申告に関連する帳票を出力する機能があります。

画面照会と印刷出力

各帳票の解説に入る前に、帳票の出力方法について触れておきます。帳票の出力方法は大きく**画面照会**と**印刷出力**があります。

両者は各帳票の利用局面によって使い分けられます。たとえば、管理帳票や税務用帳票は、決算や税務申告作業において適宜画面照会で内容確認を行い、最終的に数値が固まった時点で印刷出力します。

一方で、財務諸表や会計帳簿などは最終報告や帳票保管のため会計年度の全情報を出力するため、特に画面照会による事前の内容確認作業は行わず、直接印刷出力をします。

一般的に会計システムにおける画面照会、印刷出力の操作は次の3つのSTEPによって行われます。

STEP 1 参照する帳票を選択して出力条件を指定する
STEP 2 指定した条件に基づき画面表示された内容を確認する
STEP 3 印刷出力を行う

事前の内容確認が必要なければ、STEP 2は省略して、STEP 1からSTEP 3へと移ります。

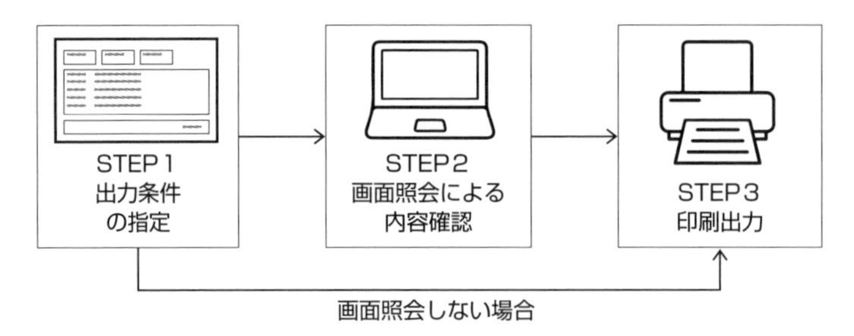

◆帳票出力の３つのSTEP

帳票出力に求められる機能

次に、各STEPの作業効率性や正確性を確保するために有効な各種の機能を紹介します。

STEP 1：出力条件の指定関連の機能

STEP 1には次のような機能があります。

・複数選択機能

連続していない複数の項目を指定できる機能です。ある項目を出力条件として指定する際に、たとえば100、200、300、400、500のうち、連続していない100、400、500を指定することができます。

さらに、表計算ソフトやテキストファイルなどで作成した出力対象項目のリストをファイルインポートやコピー&ペーストにより指定できる機能があると抽出条件の指定を効率的に行うことができます。

・グループ選択機能

勘定科目や部門などのグループを事前に定義しておくことにより、個々の値を指定するのではなく、グループ単位で指定することができる機能です。

・抽出条件の保存機能（選択バリアント）

毎回同じ条件で出力する帳票などに対して、出力条件を事前にマスタ化しておくことにより、出力条件をその都度入力することなく、効率的に指定できる機能です。この機能は後述の「バックグラウンドジョブ機能」でも活用可能です。

STEP 2：画面照会関連の機能

STEP 2 には次のような機能があります。

・ドリルダウン機能

ある画面から、画面上の項目や金額などをクリックすることにより、その項目や金額の詳細情報や関連帳票にジャンプできる機能です。ジャンプ機能と呼ぶこともあります。

・表示項目の保存機能（表示バリアント）

照会画面や出力帳票に対する表示項目、並び順やソート順などを事前にマスタとして保存することにより、独自のレポートレイアウトを作成できる機能です。後述の「バックグラウンドジョブ機能」でも活用可能です。

STEP 3：印刷出力関連の機能

STEP 3 には次のような機能があります。

・バックグラウンドジョブ機能

バックグラウンドジョブとは、操作中のパソコン端末からサーバーに対して、サーバー側で処理を実行するように依頼することです。長時間処理や夜間処理を実行する場合に使用します。バックグラウンドジョブを事前にスケジューリングする際には、前述の選択バリアントや表示バリアントを指定することにより、指定した条件およびレイアウトの帳票を出力することができます。

・PDF出力機能

帳票を出力する際に、プリンターで印刷する前にPDFなどのイメージファイル形式でプレビューできる機能です。紙による印刷が不要な場合はこのPDFファイルをパソコンに保存します。

これらの機能は、後述するすべての帳票に漏れなく必要なわけではなく、帳票の用途や出力方法に応じて異なります。

この点も含め、次節以降で会計システムから出力される各種帳票について解説します。会計システムが備えておくべき帳票の種類や様式については特に一律な定めはなく、また、各企業独自の帳票を作成している場合もあるため、今回は一般的かつ会計システムと関連の深い下表の帳票について解説していきたいと思います。

◆会計システムから出力される主な帳票

分　類	主な帳票
財務諸表	貸借対照表、損益計算書、キャッシュ・フロー計算書
会計帳簿	仕訳帳、総勘定元帳、残高試算表、月次推移表
管理用帳票	部門費一覧、プロジェクト元帳、セグメント別一覧表、取引先別一覧表
税務用帳票	法人税申告書関連帳票、消費税申告書関連帳票

3-2 財務諸表(1) 貸借対照表と損益計算書

貸借対照表と損益計算書の作成法

すべての仕訳は貸借対照表と損益計算書につながる

貸借対照表と損益計算書の内容は第1章で解説しているので、ここでは帳票（報告書）の作成方法を中心に解説します。

貸借対照表と損益計算書は勘定科目を集約して表示科目ベースで作成します。また、金融商品取引法や会社法などの法令によって表示科目の並び順も決められています。よって、会計システムでは**様式に応じたレイアウトをいくつかマスタとして用意しておく必要があります**。

◆貸借対照表のイメージ

貸借対照表
2021年3月31日現在

資産の部		負債の部	
流動資産		流動負債	
現金及び預金	12,000,000	買掛金	4,000,000
売掛金	5,000,000	未払金	1,320,000
商品	3,500,000	未払法人税等	300,000
未収入金	450,000	未払消費税等	180,000
仮払金	150,000	預り金	800,000
固定資産		固定負債	
有形固定資産		長期借入金	6,900,000
建物	25,000,000		
車両運搬具	2,500,000	純資産の部	
工具器具備品	1,500,000	株主資本	
無形固定資産		資本金	40,000,000
ソフトウェア	3,000,000	利益剰余金	7,000,000
投資その他の資産			
投資有価証券	5,000,000		
長期前払費用	2,400,000		
資産の部合計	60,500,000	負債及び純資産合計	60,500,000

◆損益計算書のイメージ

損益計算書
自2020年4月1日 至2021年3月31日

売上高		70,000,000
売上原価		36,000,000
売上総利益		**34,000,000**
販売費及び一般管理費		32,250,000
営業利益		**1,750,000**
営業外収益		
受取利息	50,000	
その他営業外収益	40,000	90,000
営業外費用		
支払利息	480,000	
その他営業外費用	170,000	650,000
経常利益		**1,190,000**
特別利益		
固定資産売却益	300,000	300,000
特別損失		
投資有価証券売却損	400,000	400,000
税引前当期純利益		1,090,000
法人税等		327,000
当期純利益		763,000

貸借対照表や損益計算書の出力に必要なデータテーブル

貸借対照表や損益計算書の出力に必要なデータテーブルは、**仕訳情報が格納された仕訳テーブル**と、**各勘定科目の期首残高を保持した期首残高テーブル**の2つです。また、様式に応じたレイアウトをいくつかマスタとして用意しておくことが必要なため、勘定科目グループのマスタを流用するシステムもありますが、貸借対照表や損益計算書については必ずすべての勘定科目を何かしらの表示科目で集計する必要があるため、勘定科目マスタとは別に「**財務諸表バージョン**」と呼ばれるマスタを用意している場合が多いです。

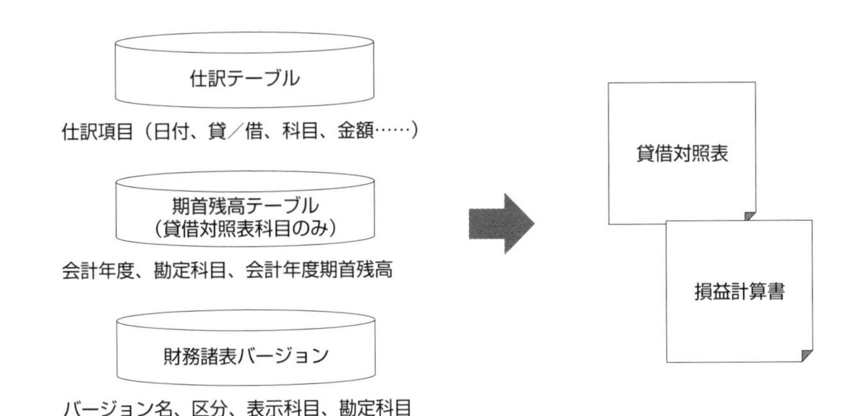

◆貸借対照表、損益計算書に必要なデータテーブル

仕訳テーブルは、いわば仕訳帳をデータ化したものです。このテーブルの項目は、仕訳と同じで、日付、借方／貸方区分、科目、金額があります。

仕訳テーブルのデータを集計して財務諸表を出力できるかといえば、その答えは「否」です。なぜなら、貸借対照表項目は前期からの繰越残高を加算することが必要となるため、期中取引である仕訳テーブルからでは不十分なのです。

財務諸表での表示は、仕訳で利用された勘定科目を集計して行われます。その集計ロジックをマスタ化したものを「財務諸表バージョン」といいます。財務諸表バージョンは、会社法会計、金融商品取引法会計、税法会計など、財務諸表の目的に応じた勘定科目の集計ロジックをあらかじめマスタとして登録し、そのマスタの設定内容に沿って財務諸表が出力されます。

3-3 財務諸表(2) キャッシュ・フロー計算書

後発の財務諸表

後発の財務諸表であるキャッシュ・フロー計算書

キャッシュ・フロー計算書は、貸借対照表、損益計算書とともに財務三表と呼ばれる重要な財務諸表のひとつです。ただ、キャッシュ・フロー計算書は2000年3月期から財務諸表に加わった後発の財務諸表です。

複式簿記という仕組みは貸借対照表と損益計算書を作成するためのもので、キャッシュ・フロー計算書を作成することは想定していません。

キャッシュ・フロー計算書は会計帳簿（会計システム）と別に作成することは不可能です。そこで、会計システムに機能を追加することでキャッシュ・フロー計算書を会計システムから作成できるようにします。ただし、複式簿記では想定していなかった財務諸表であることから、制約があることや仕訳の計上に工夫が必要になることを知っておく必要があります。

直接法によるキャッシュ・フロー計算書

キャッシュ・フロー計算書には、その表現方法の違いにより**直接法**と**間接法**の2種類があります。

次ページの表が直接法により作成されたキャッシュ・フロー計算書です。第1章で触れた通り、キャッシュ・フロー計算書は、「営業活動によるキャッシュ・フロー」、「投資活動によるキャッシュ・フロー」、「財務活動によるキャッシュ・フロー」の3つの構成になっており、表の末尾に現金、もしくはすぐに解約できる定期預金など（現金同等物）の増減が示されています。なお、表の右側にある＋や－の記号は、本来のキャッシュ・フロー計算書にはなく、プラス（＋）＝キャッシュイン（増加）、マイナス（－）＝キャッシュアウト（減少）を表すものとして補記しています。

「○○による収入」「○○による支出」など、各項目は、まさにキャッシュの出入りを示しており、家計簿や小遣い帳に近いイメージです。したがって、貸借対照表や損益計算書よりなじみやすい帳票かもしれません。

◆直接法のキャッシュ・フロー計算書のイメージ

キャッシュ・フロー計算書
自2020年4月1日 至2021年3月31日

営業活動によるキャッシュ・フロー		
商品の販売による収入	68,000,000	＋
商品の仕入による支出	37,800,000	−
給与の支払による支出	15,000,000	−
経費の支払による支出	11,537,000	−
営業活動によるキャッシュ・フロー	3,663,000	
投資活動によるキャッシュ・フロー		
有価証券の取得による支出	3,000,000	−
有価証券の売却による収入	2,500,000	＋
有形固定資産の取得による支出	12,500,000	−
有形固定資産の売却による収入	1,600,000	＋
投資活動によるキャッシュ・フロー	−11,400,000	
財務活動によるキャッシュ・フロー		
長期借入金の借入による収入	9,000,000	＋
長期借入金の返済による支出	3,100,000	−
財務活動によるキャッシュ・フロー	5,900,000	
現金・現金同等物等の増減額	−1,837,000	
現金・現金同等物等の期首残高	12,000,000	
現金・現金同等物等の期末残高	10,163,000	

会計帳簿からのキャッシュ・フロー計算書の作り方

次に、会計帳簿の情報から各キャッシュ・フロー項目の導き方を解説します。上表の「営業活動によるキャッシュ・フロー」の1つ目「商品の販売による収入（68,000,000円）」を例にします。これは収入ですので、キャッシュイン項目です。

たとえば、ある会計年度の損益計算書上の売上高は70,000,000円であったとします。ただ、この金額は売り上げた金額であり入金した額ではありません。一方で、前期販売で今期回収した売掛金（期首売掛金残高）が3,000,000円あり、今期販売して来期回収予定の売掛金（期末売掛金残高）が5,000,000円あったとします。

結果、今期の「商品の販売による収入」は、次の式により計算します。

期首売掛金残高(3,000,000)円＋当期売上高(70,000,000円)－期末売掛金残高(5,000,000円)＝68,000,000

２行目の「商品の仕入による支出」についても、キャッシュアウト項目である点以外は、「商品の販売による収入」は基本的な考え方は同じで、次の式で計算した金額になります。

期首買掛金残高＋当期仕入高－期末買掛金残高

キャッシュ・フロー計算書の各項目は、このように損益計算書科目と関連する貸借対照表科目を使った差し引きにより計算します。そして、仕訳計上時に**増減理由コード**を登録していきます。

◆増減理由を計上した仕訳イメージ

商品の売上

借方		/	貸方	
売掛金	5,000,000	/	売上高	5,000,000
営業収入（－）			**営業収入（＋）**	

売掛金の入金

借方		/	貸方	
普通預金	3,000,000	/	売掛金	3,000,000
			営業収入（＋）	

増減理由コード以外の方法としては、下表のように各勘定科目の借方計上時、貸方計上ごとにキャッシュ・フロー計算書との関連を定義したマスタを準備する方法もあります。

◆勘定科目ごとのキャッシュ・フロー項目定義

勘定科目	借方発生時		貸方発生時	
	キャッシュ・フロー項目	+−	キャッシュ・フロー項目	+−
売上高	商品販売収入	キャッシュアウト	商品販売収入	キャッシュイン
売掛金	商品販売収入	キャッシュアウト	商品販売収入	キャッシュイン
仕入高	商品仕入支出	キャッシュアウト	商品仕入支出	キャッシュイン
買掛金	商品仕入支出	キャッシュアウト	商品仕入支出	キャッシュイン
給与	給与支払支出	キャッシュアウト	給与支払支出	キャッシュイン
未払給与	給与支払支出	キャッシュアウト	給与支払支出	キャッシュイン

間接法によるキャッシュ・フロー計算書

次に間接法のキャッシュ・フロー計算書について解説します。次ページにあるのが間接法により作成されたキャッシュ・フロー計算書です。直接法と間接法とで、営業活動によるキャッシュ・フローは3,663,000で同じですが、開示内容はまったく異なります。

直接法によるキャッシュ・フロー計算書は、いわば現金主義による損益計算書です。それに対して、間接法によるキャッシュ・フロー計算書は、発生主義による損益計算書を現金主義に直す書式です。

したがって、間接法の「営業活動によるキャッシュ・フロー」は、税引前当期純利益から始まり、売掛金や買掛金の増減額を加算・減算する様式になっています。これを先ほどの直接法によるキャッシュ・フロー計算書の計算式と比較すると次のようになります。

・直接法の計算式

商品販売収入＝期首売掛金残高＋当期売上高－期末売掛金残高

商品仕入支出＝期首買掛金残高＋当期仕入高－期末買掛金残高

◆**間接法により作成されたキャッシュ・フロー計算書**

キャッシュ・フロー計算書
自2020年4月1日 至2021年3月31日

営業活動によるキャッシュ・フロー		
税引前当期純利益	763,000	＋
減価償却費	1,700,000	＋
売上債権の増加	2,000,000	－
仕入債務の増加	1,800,000	＋
棚卸資産の減少	1,400,000	＋
営業活動によるキャッシュ・フロー	3,663,000	
投資活動によるキャッシュ・フロー		
有価証券の取得による支出	3,000,000	－
…		
有価証券の売却による収入	2,500,000	＋
有形固定資産の取得による支出	12,500,000	－
有形固定資産の売却による収入	1,600,000	＋
…		
投資活動によるキャッシュ・フロー	－11,400,000	
財務活動によるキャッシュ・フロー		
長期借入金の借入による収入	9,000,000	＋
長期借入金の返済による支出	3,100,000	－
…		
財務活動によるキャッシュ・フロー	5,900,000	
現金・現金同等物等の増減額	－1,837,000	
現金・現金同等物等の期首残高	12,000,000	
現金・現金同等物等の期末残高	10,163,000	

・間接法の計算式

当期純利益　＝当期売上高－当期仕入高

売掛金増減額＝期首売掛金残高－期末売掛金残高

買掛金増減額＝期首買掛金残高－期末買掛金残高

間接法の場合、損益計算書科目を当期純利益に集計し、売掛金や買掛金はそれぞれの純増減額として表示させています。表示の仕方は異なりますが、現金の増減額はそもそも事実の数値ですので、いずれの方法によっても営業活動によるキャッシュ・フローの数値は同じです。

間接法の場合、現金支出を伴わない費用である減価償却費を加算するなど、その他細かい作法がいくつかありますが、間接法による作成方法の基本的な考え方はこのようになっています。

なお、現代の会計は発生主義を採用しています。直接法のキャッシュ・フロー計算書を出力するためには、現金主義による会計帳簿が必要となるので、実務的でなく現実的には、発生主義によって記帳された会計帳簿を元に間接法のキャッシュ・フロー計算書を出力するのが主流となっています。

キャッシュ・フロー計算書の出力に必要なデータテーブル

キャッシュ・フロー計算書の出力に必要なデータテーブルも、**仕訳情報が格納された仕訳テーブル**と、**各勘定科目の期首残高を保持した期首残高テーブル**の２つです。仕訳には増減理由が計上されず、勘定科目ごとのキャッシュ・フロー項目定義マスタで制御する場合には、帳票作成時にマスタを参照することになります。

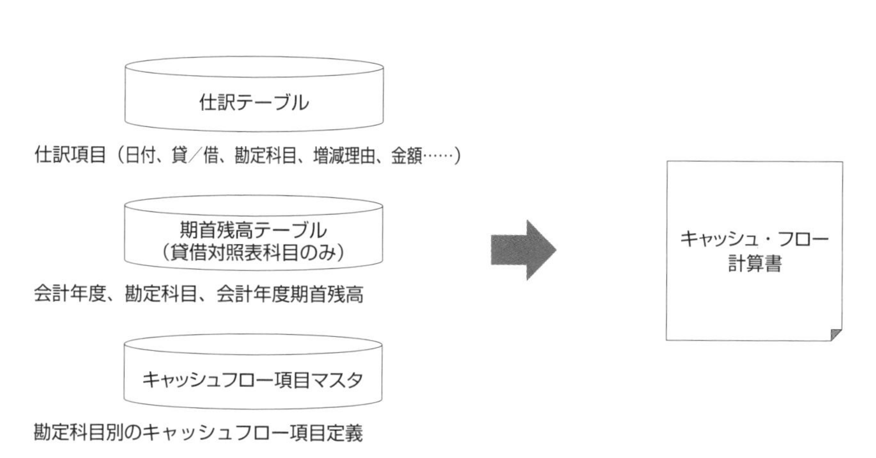

◆キャッシュ・フロー計算書に必要なデータテーブル

3-4 管理帳票(1) 財務会計用の帳票

財務会計用に出力する帳票

取引を発生順（日付順）に出力するための仕訳帳

仕訳帳は、会計システムのインプットデータである「仕訳」の一覧表であり、主要な会計帳簿に位置づけられるものです。

仕訳帳に必要な情報は、基本的に仕訳登録のときに入力した各項目ですが、それ以外にも仕訳登録日、登録ユーザーなど会計システムが仕訳情報管理のために保持している各項目も表示させることがあります。

さらに、電子帳簿保存対応のために変更日、変更ユーザー、変更項目、変更内容などの情報も保持しておく必要があります。

◆仕訳帳のイメージ

日付	借方				貸方				摘要
	勘定科目	部門	税区分	金額	勘定科目	部門	税区分	金額	
2020/10/31	給料手当	九州工場	対象外	700	普通預金		対象外	700	10月分給与九州工場
2020/11/04	売掛金		対象外	1,650	売上高	西日本営業部	売上10%	1,500	大阪商事売上
					仮受消費税等		売上10%	150	
2020/11/07	仕入高	仙台工場	仕入10%	330	買掛金		対象外	330	東北製作所仕入
		仮受消費税等	仕入10%	30					
2020/11/17	仕入高	九州工場	仕入10%	550	買掛金		対象外	550	西日本製造仕入
		仮受消費税等	仕入10%	50					
2020/11/25	売掛金		対象外	2,200	売上高	東日本営業部	売上10%	2,000	名古屋商事売上
					仮受消費税等		売上10%	200	
2020/11/30	売掛金		対象外	1,100	売上高	東日本営業部	売上10%	1,000	東京商事売上
					仮受消費税等		売上10%	100	
2020/11/30	給料手当	2000仙台工場	対象外	800	普通預金		対象外	800	11月分給与仙台工場

仕訳帳の利用局面

仕訳帳は、主に次の３つの状況で使用されます。

①伝票登録後の確認

仕訳登録時に内容確認のために使用します。

仕訳登録直後に内容を確認するため、仕訳登録完了後の画面から「仕訳照会」ボタンで遷移できるようになっていることが多いです。形式も単票形式であり、この単票仕訳帳を印刷した上で、請求書や領収書などのエビデンスを添付して上長承認に回す業務ルールを採用している場合も多くあります。下表の例では、印刷時に右上に入力者や承認者の押印欄が印刷されるようになっています。

◆仕訳帳（単票形式）のイメージ

日付	2020/11/30
伝票No.	10001
登録日	2020/12/04
ユーザー	Sales01
摘要	東京商事売上

仕訳が単票として出力され、「入力者」、「承認者」欄が設けられている

入力者	承認者

借方					貸方				
勘定科目	補助科目	部門	税区分	金額	勘定科目	補助科目	部門	税区分	金額
セグメント	プロジェクト	取引先			セグメント	プロジェクト	取引先		
売掛金			対象外	1,100,000	売上高		東日本営業部	売上10%	1,000,000
		東京商事			シス開発セグ	基幹刷新PJ	東京商事		
					仮受消費税等			売上10%	100,000

②仕訳の検索

２つ目は、過去に登録した仕訳の内容を確認するときです。社内外からの問い合わせに対し、どのような仕訳を登録したかを確認するときなどに出力します。

仕訳番号があらかじめわかっていれば仕訳番号を指定し、わからなければ日付、登録ユーザー、勘定科目などの抽出条件を指定して表示します。その上で、確認したかった仕訳を指定してドリルダウン機能により該当する仕訳にジャンプします。

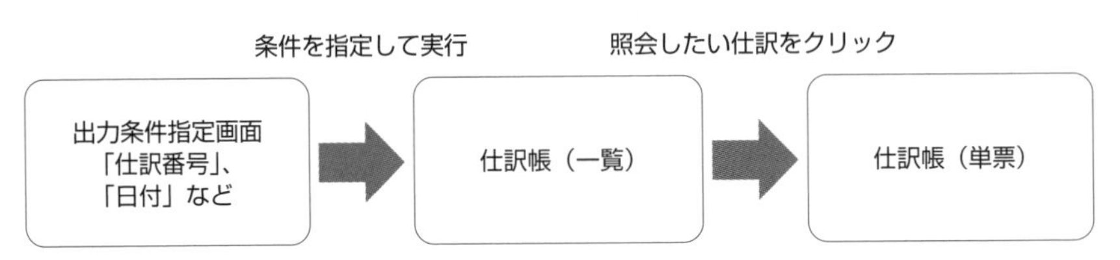

◆仕訳帳のドリルダウンイメージ

③会計帳簿としての保管

会計年度末決算が終了し決算数値が確定すると、会計帳簿としてすべての仕訳を仕訳帳として出力します。基本的には年に一度の作業ですが、上場企業などは四半期決算における会計監査対応のため、四半期ごとに出力する場合もあります。

また、仕訳帳は企業の規模によっては相当の印刷ボリュームになる一方で、事前の画面照会による確認作業は必要ありませんので、出力条件と表示バリアントを指定して、バックグラウンド処理にて印刷出力します。

次ページの表は、仕訳帳の表示バリアント設定のイメージです。画面照会ないし印刷出力および単票形式ないし一覧形式の4つのパターンごとに表示させる項目を選択しています。

◆仕訳帳の表示バリアント設定イメージ

バリアント	画面照会（単票）	画面照会（一覧）	印刷（単票）	印刷（一覧）
仕訳全体				
仕訳番号	○	○	○	○
仕訳日付	○	○	○	○
摘要	○	○	○	○
押印欄			○	○
仕訳明細				
勘定科目	○	○	○	○
金額	○	○	○	○
…	…	…	…	…

仕訳帳の出力に必要なデータテーブル

仕訳帳の出力に必要なデータテーブルは、**仕訳情報が蓄積された仕訳テーブル**と、**仕訳の変更履歴情報を蓄積した変更履歴テーブル**の2つです。仕訳は登録した後、何らかの変更を加えることがあります。したがって、仕訳の出力には変更内容を加味する必要があり、変更内容は、変更履歴テーブルに格納します。

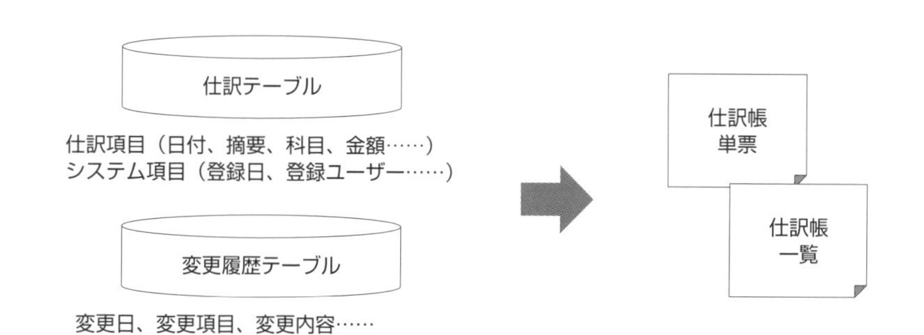

◆仕訳帳に必要なデータテーブル

勘定科目別の残高と増減内容を表すための総勘定元帳

総勘定元帳は、勘定科目別の残高およびその増減内容を表した帳票であり、会計帳簿のひとつです。勘定科目ごとの期首（繰越）残高、期中の増加と減少（借方と貸方）および期末（繰越）残高の情報を表示します。期首（繰越）残高とは出力条件指定時に指定した期間の初日時点の残高であり、期末（繰越）残高とは同じく指定した期間の最終日の残高です。

期中の増加・減少とは、その期間中に発生した仕訳の内容であり、増加とは資産や費用の場合、借方に計上された仕訳であり、減少は貸方に計上された仕訳を指します。負債、純資産および収益の場合は逆になります。

期間の指定は、理論的には会計年度の初日から最終日までの任意の期間を指定することが可能ですが、機能的には月単位で指定できるようになっている場合がほとんどで、使い方としても期首からの累計、単月、会計年度全体のような指定の仕方が多いです。

◆総勘定元帳のイメージ

勘定科目	売掛金

売掛金が増加する売上高と売掛金が減少する入金が出力されている

日付	勘定科目	摘要		借方金額	貸方金額	残高
伝票No.	補助科目	取引先	部門			
繰越残高						6,600,000
2020/11/04	売上高	大阪商事売上				
10005		大阪商事	西日本営業部	1,650,000		8,250,000
2020/11/25	売上高	名古屋商事売上				
10006		名古屋商事	東日本営業部	2,200,000		10,450,000
2020/11/30	売上高	東京商事売上				
10001		東京商事	東日本営業部	1,100,000		11,550,000
2020/11/30	普通預金	名古屋商事入金				
10015	Aネット銀行	名古屋商事			2,200,000	9,350,000

総勘定元帳の利用局面

総勘定元帳は、主に次の2つの状況で使用します。

①各決算における残高の確認

総勘定元帳は月次、四半期、会計年度末など、各決算時に、ある特定の勘定科目の残高や増減が正しく計上されているかを個別に確認するために使用します。

画面照会で勘定科目の内容を確認していく過程で、詳細を確認したい明細を指定してドリルダウンすることにより、該当する仕訳にジャンプします。

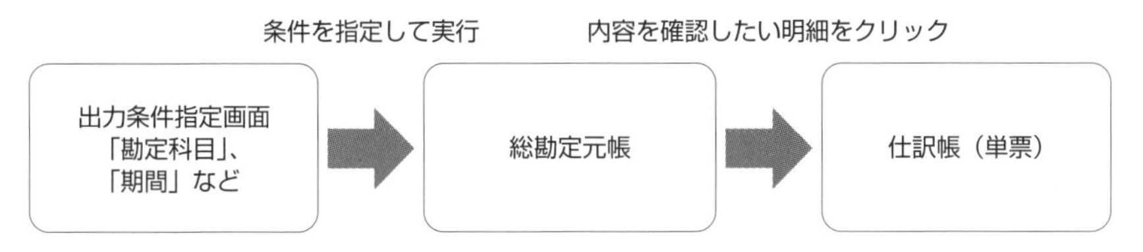

◆総勘定元帳のドリルダウンイメージ

②帳票保存時

総勘定元帳も仕訳帳と同様に会計帳簿として保管が義務付けられています。年度末決算が終了し、決算数値が確定すると、会計帳簿としてすべての勘定科目を総勘定元帳として出力します。

印刷出力に関しても仕訳帳と同様に企業の規模によっては相当の量になる一方で、事前の画面照会による確認作業は必要ありませんので、出力条件と表示バリアントを指定して、バックグラウンド処理にて印刷出力します。

総勘定元帳の出力に必要なデータテーブル

総勘定元帳の出力に必要なデータテーブルは、**各勘定科目の会計年度の増加および減少の情報源である仕訳が格納された仕訳テーブル**と、**各勘**

定科目の会計年度期首時点の残高情報を格納した期首（繰越）残高テーブルの２つです。期末残高は期首（繰越）残高に会計年度中の増加および減少額を集計して計算します。

なお、期首残高が必要となるのは貸借対照表に関連する科目のみです。貸借対照表科目の残高は過去からの仕訳の累積であるため、会計年度期首の時点の繰越残高を期首残高テーブルとして保持しておかないと過去にずっと遡って仕訳を集計しなければなりません。そのため、会計年度ごとに繰越残高を集計して保持しておきます。

一方で損益計算書に関連する勘定科目はその必要はありません。損益計算書科目は会計年度の期首の時点で０円にリセットされるので、仕訳テーブルに格納されている期中の増加および減少情報だけであれば集計可能です。

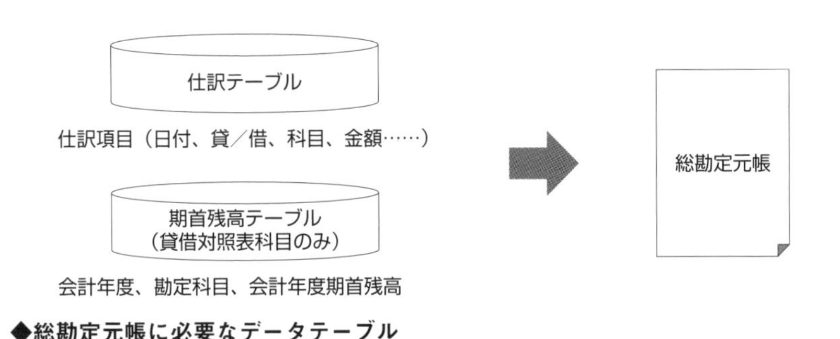

◆**総勘定元帳に必要なデータテーブル**

補助科目と補助元帳

総勘定元帳は勘定科目別の内容を確認するための帳票ですが、さらに補助科目別の内容を確認するための帳票として**補助元帳**があります。補助元帳の様式は総勘定元帳と基本的に同じですが、集計する単位が勘定科目×補助科目の単位になります。

次ページの表は、勘定科目である普通預金に対して銀行口座別に補助科目を設定した場合の補助元帳の例です。補助元帳の「補助科目」を「口座」という表現に変更し、「借方」「貸方」をそれぞれ「入金」「出金」

という表現に変更することにより、「預金出納帳」という専用の帳票を設定している場合もあります。

◆補助元帳（預金出納帳）のイメージ

勘定科目	普通預金
口座（補助科目）	A銀行四谷支店 1123444

日付	勘定科目	摘要		入金（借方）	出金（貸方）	残高
伝票No.	補助科目	取引先	部門			
繰越残高						550,000
2020/12/10	水道光熱費	水道代10月分				
30001					45,000	505,000
2020/12/25	売上高	大阪商事10月分入金				
30012			東日本営業部	1,650,000		2,155,000
2020/12/28	売掛金	東京商事10月分入金				
30065			東日本営業部	1,100,000		3,255,000
2020/12/28	買掛金	東北製作所10月分支払				
30015		東北製作所			330,000	2,925,000

勘定科目別の残高を一覧化するための残高試算表

残高試算表は、勘定科目別の残高を一覧表示した管理用資料です。

各行には勘定科目が並び、列は期首残高、期中の増加・減少、そして期末残高となっています。ちょうど総勘定元帳のサマリー版のような帳票です。

総勘定元帳との違いは、期中の増加・減少について、総勘定元帳はその期間中に発生した仕訳の明細を表示しますが、残高試算表はその期間中に発生した増加および減少の合計を表示します。

次ページの表はすべての勘定科目が表示されているイメージとなっていますが、特定の勘定科目ないし勘定科目グループだけを指定して出力する場合もあります。また、期間の指定についても、通常、任意の期間を指定できます。

◆残高試算表のイメージ

勘定科目	期首残高	借方	貸方	期末残高
現金	100,000	1,210,000	1,210,000	100,000
普通預金	10,063,000	121,762,300	119,925,300	11,900,000
売掛金	3,000,000	36,300,000	34,300,000	5,000,000
商品	4,900,000	59,290,000	60,690,000	3,500,000
未収入金	1,647,000	19,928,700	21,125,700	450,000
仮払金	1,200,000	14,520,000	15,570,000	150,000
流動資産計	20,910,000	253,011,000	252,821,000	21,100,000
建物	17,000,000	9,000,000	1,000,000	25,000,000
車両運搬具	0	2,900,000	400,000	2,500,000
工具器具備品	1,200,000	600,000	300,000	1,500,000
ソフトウェア	2,500,000	500,000	0	3,000,000
投資有価証券	3,000,000	3,000,000	1,000,000	5,000,000
長期前払費用	2,400,000	0	0	2,400,000

残高試算表の利用局面

残高試算表は月次、四半期、会計年度末など、各決算時に、**各勘定科目の残高を一覧で確認するため**に使用します。

画面照会で各勘定科目の内容を確認していく過程で、詳細を確認したい勘定科目を指定してドリルダウンすることにより、その科目の総勘定元帳にジャンプします。

残高試算表は総勘定元帳とは異なり、会計帳簿としての保管義務はないため、印刷する必要はなく、画面照会による利用が中心です。ただし、決算の確定時には経理部長の承認が必要なので、印刷出力して押印の上、保管することが多いです。残高試算表の場合、印刷出力しても数枚程度なのでバックグラウンドジョブは行わず、必要に応じて随時オンライン処理で印刷出力します。

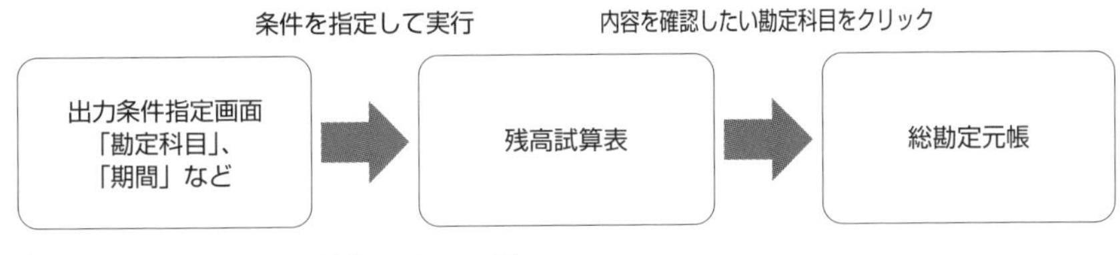

◆残高試算表のドリルダウンイメージ

残高試算表の出力に必要なデータテーブル

残高試算表の出力に必要なデータテーブルも、総勘定元帳と同じで、**仕訳情報が格納された仕訳テーブル**と、**各勘定科目の期首残高を保持した期首残高テーブル**の2つです。

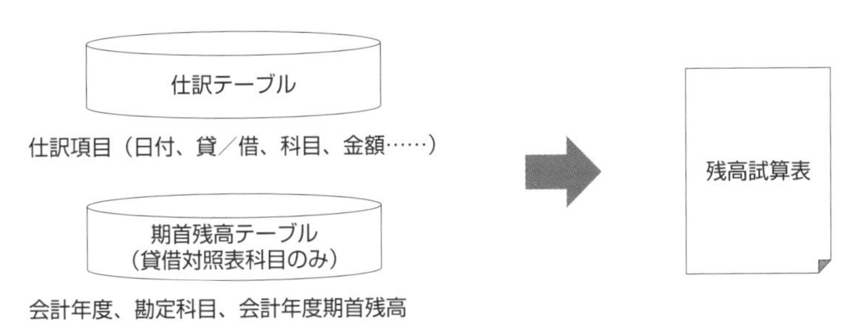

◆残高試算表に必要なデータテーブル

月別の勘定科目残高を一覧化して見るための月次推移表

月次推移表は、勘定科目別の残高を月別に展開した管理用帳票です。各行には勘定科目が並び、列は会計年度の期首から期末までの各月が並んでいます。

貸借対照表科目は各月の残高を出力します。損益計算書科目は表示方法が2パターンあります。ひとつは各月の発生額を表示する**単月表示**、もうひとつは期首から各月までの累計額を表示する**累計表示**です。通常はレポート実行時にどちらの表示方法にするか選択ができるようになっています。

また期間の指定については、月次推移表の場合、基本的に会計年度中のすべての月を表示させるため特に指定はしませんが、会計システムによっては四半期や半期など任意の期間を指定できる場合もあります。

◆月次推移表（単月表示）のイメージ

貸借対照表科目の各月残高を出力する

勘定科目	期首残高	4月	5月	6月	7月	8月	9月
現金	100,000	100,000	110,000	95,000	104,500	110,000	99,000
普通預金	10,063,000	15,000,000	15,945,100	9,320,200	7,716,500	8,611,000	9,291,500
売掛金	3,000,000	5,500,000	4,900,000	5,534,100	4,300,000	4,800,000	4,320,000
商品	4,900,000	2,800,000	1,980,000	2,660,000	2,926,000	2,600,000	2,340,000
未収入金	1,647,000	850,000	657,000	807,500	888,250	480,000	832,000
仮払金	1,200,000	130,000	143,000	123,500	135,850	120,000	258,000
流動資産計	20,910,000	24,380,000	23,735,100	18,540,300	16,071,100	16,721,000	17,140,500
建物	17,000,000	26,000,000	26,000,000	26,000,000	26,000,000	26,000,000	26,000,000

月次推移表の利用局面

月次推移表も残高試算表と同様に、月次、四半期、会計年度末など、**各決算時に各勘定科目の残高の推移を一覧で確認するため**に使用します。

画面照会で各勘定科目の推移を確認していく過程で、詳細を確認したい勘定科目の月を指定してドリルダウンすることにより、その勘定科目の当該月の総勘定元帳にジャンプします。

月次推移表も会計帳簿としての保管義務はありませんので、印刷して保管する義務はなく、画面照会による利用が中心です。ただし、決算の確定時には残高試算表とともに経理部長の承認が必要なため、印刷出力して押印の上、保管することが多いです。

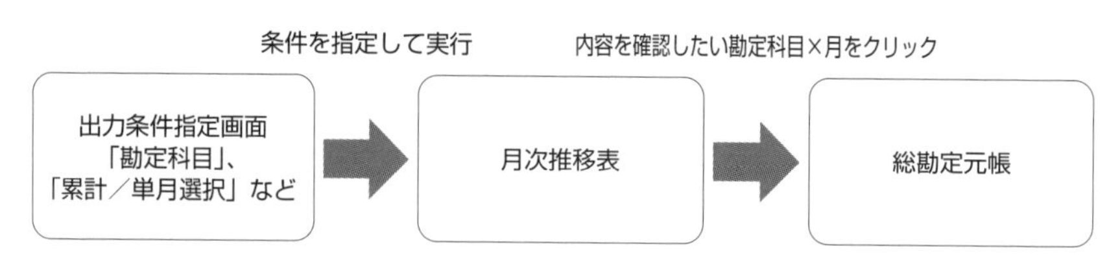

◆月次推移表のドリルダウンイメージ

月次推移表の出力に必要なデータテーブル

月次推移表の出力に必要なデータテーブルも、総勘定元帳や残高試算表と基本的には同じで、**仕訳情報が格納された仕訳テーブル**と、**各勘定科目の期首残高を保持した期首残高テーブル**の2つです。

貸借対照表科目の各月の残高は期首残高と期首から各月までの増加と減少を集計します。

損益計算書科目の各月の残高は、累計表示の場合、貸借対照表科目と同じ計算式で集計します。損益計算書科目の期首残高は0だからです。一方、単月表示の場合は、各月の増加と発生を月別に集計して各月の純増減額を表示します。

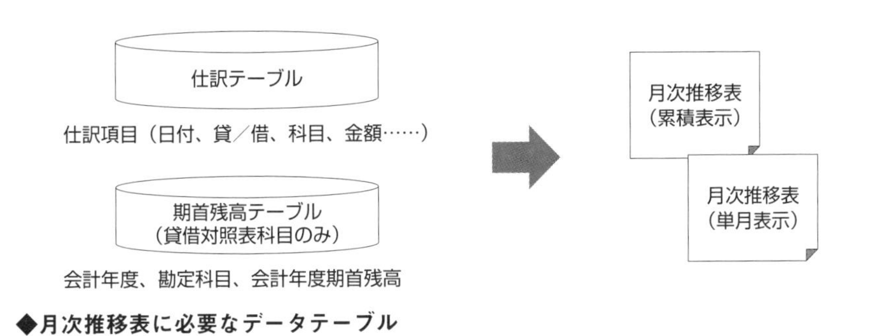

◆月次推移表に必要なデータテーブル

3-5 管理帳票(2) 管理会計用の帳票

管理会計用に出力する帳票

社内管理のための情報と帳票

まず管理用項目を利用した帳票の代表的なものとして、部門別一覧表とプロジェクト元帳について解説します。

部門別一覧表

部門別一覧表は、経費や損益を部門別に管理するための管理用帳票です。各行には残高試算表や月次推移表のように勘定科目が並びます。各列には部門が並び、指定した時点における勘定科目別部門別の残高が表示されます。

次ページの表では損益計算書科目のみを表示しているイメージですが、貸借対照表科目も含めたすべての勘定科目や、勘定科目グループだけを指定して出力する場合もあります。また期間の指定についても、次ページの表では期首から指定した月までの累計額を表示する様式になっていますが、任意の期間を指定できる様式もあります。

部門別一覧表の利用局面

部門別一覧表は、**部門別の経費の発生状況や部門別の損益の管理**に使用します。管理サイクルは月次が一般的で、月次決算が完了すると、印刷出力やPDFなどにして経営層や各部門の部門長などに報告されます。

なお、会計システムでは部門別管理の方法のひとつとして**予算実績管理を行うことができる**のが一般的です。これは、会計システムに各部門の毎月の予算情報を登録することにより、予算との実績を比較して表示します。

◆損益計算書科目の部門別一覧表のイメージ

期間	2020年11月度

勘定科目	東日本営業所	西日本営業所	総務部	経理部	…	…	合計
売上高	2,500,000	3,200,000	0	0	…	…	5,700,000
仕入高	1,500,000	1,920,000	0	0	…	…	3,420,000
売上総利益	1,000,000	1,280,000	0	0	…	…	2,280,000
給与手当	400,000	350,000	12,000	130,000	…	…	892,000
法定福利費	0	0	0	200,000	…	…	200,000
福利厚生費	0	0	100,000	0	…	…	100,000
広告宣伝費	300,000	200,000	0	0	…	…	500,000
租税公課	0	0	40,000	45,000	…	…	85,000
消耗品費	10,000	20,000	105,000	5,000	…	…	140,000
旅費交通費	60,000	80,000	30,000	40,000	…	…	210,000
減価償却費	0	0	0	140,000	…	…	140,000
販売費及び一般管理費	770,000	650,000	287,000	560,000	…	…	2,267,000
営業利益	230,000	630,000	−287,000	−560,000	…	…	13,000
受取利息	0	0	0	12,000	…	…	12,000
その他営業外収益	0	0	0	0	…	…	0
支払利息	0	0	0	3,000	…	…	3,000
その他営業外費用	0	0	0	0	…	…	0
経常利益	230,000	630,000	−287,000	−551,000	…	…	22,000
固定資産売却益	0	0	0	0	…	…	0
投資有価証券売却損	0	0	0	0	…	…	0
税引前当期純利益	230,000	630,000	−287,000	−551,000	…	…	22,000
法人税等	0	0	0	0	…	…	0
当期純利益	230,000	630,000	−287,000	−551,000	…	…	22,000

部門別予算実績管理については第4章で詳しく解説しますが、帳票のイメージとしては、次ページの表のように、実績と対比する形で部門別、勘定科目別、月別の予算金額が表示されます。差引計算により実績と予算の差額が表示される様式が一般的です。

また、部門コード単位では細か過ぎるため、地域や部門などの単位で照会したいときのために、抽出条件で部門だけでなく、部門グループを選択することにより、その部門グループ単位で集計した値を出力できる機能があります。上表は、地域でグルーピングしたイメージとなっています。

◆部門別予算実績比較表のイメージ

期間	2020年4~9月
部門	東日本グループ

勘定科目	期首残高	借　方	貸　方	期末残高	予　算	差　額
売上高	0	0	35,000,000	35,000,000	38,500,000	3,500,000
仕入高	0	18,000,000	0	18,000,000	19,800,000	1,800,000
売上総利益				17,000,000	18,700,000	1,700,000
給与手当	0	7,500,000	0	7,500,000	8,250,000	750,000
法定福利費	0	1,500,000	0	1,500,000	1,650,000	150,000
福利厚生費	0	650,000	0	650,000	715,000	65,000
広告宣伝費	0	3,000,000	0	3,000,000	3,300,000	300,000
租税公課	0	500,000	0	500,000	550,000	50,000
消耗品費	0	875,000	0	875,000	962,500	87,500
旅費交通費	0	1,250,000	0	1,250,000	1,375,000	125,000
減価償却費	0	850,000	0	850,000	935,000	85,000
販売費及び一般管理費	0	16,125,000	0	16,125,000	17,737,500	1,612,500
営業利益				875,000	962,500	87,500
受取利息	0	0	0	0	0	0
その他営業外収益	0	0	0	0	0	0
支払利息	0	0	0	0	0	0
その他営業外費用	0	0	0	0	0	0
経常利益				875,000	962,500	87,500
固定資産売却益	0	0	150,000	150,000	165,000	15,000
投資有価証券売却損	0	200,000	0	200,000	220,000	20,000
税引前当期純利益				825,000	907,500	82,500
法人税等	0	0	0	0	0	0
当期純利益				825,000	907,500	82,500

部門別一覧表の出力に必要なデータテーブル

部門別一覧表の出力に必要なデータテーブルも、基本的には総勘定元帳などと同じで、**仕訳情報が格納された仕訳テーブル**と、**各勘定科目の期首残高を保持した期首残高テーブル**の２つになります。ただし、予算の実績を比較するときには、勘定科目別、部門別、月別の予算金額を格納した部門予算テーブルが必要となり、部門グループ単位で出力するためには部門グループマスタが必要になります。

なお、期首残高テーブルですが、月次推移表までは勘定科目ごとの期首残高が必要と解説してきましたが、部門別管理を行うためには、勘定科目別残高ではなく、勘定科目別、部門別の期首残高を保持しておくことが必要になります。

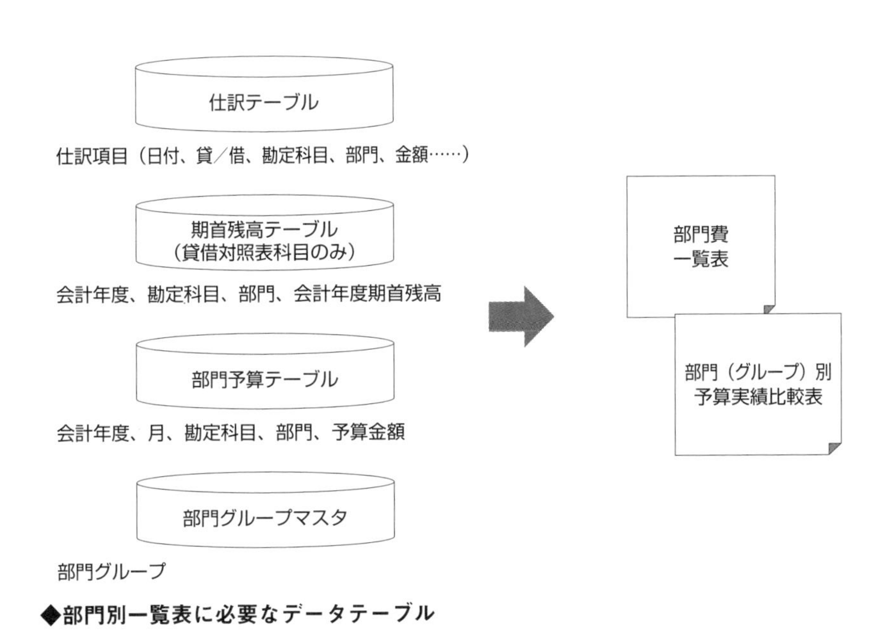

◆部門別一覧表に必要なデータテーブル

プロジェクト別の収益や費用を見るためのプロジェクト元帳

プロジェクト元帳とは、プロジェクト別の収益や費用の一覧表です。内容的には部門別管理と同じで、部門の代わりにプロジェクトを軸にした管理帳票であり、プロジェクト別の各勘定科目別残高を表示します。

次ページの表では、あるプロジェクト案件に関連して発生した売上や売掛金、外注費や買掛金、その他の諸経費が集計されています。なお、次ページの表では割愛していますが、予算についてもプロジェクト別の予算を設定しておくことにより、予算実績比較による様式での出力も可能です。

◆プロジェクト元帳のイメージ

期間	2020年4〜9月
部門	基幹システム刷新プロジェクト

勘定科目	期首残高	借　方	貸　方	期末残高
売掛金	0	14,000,000	0	14,000,000
仕掛品	2,000,000	0	2,000,000	0
流動資産計	2,000,000	14,000,000	2,000,000	14,000,000
工具器具備品	240,000	0	50,000	190,000
ソフトウェア	500,000	0	100,000	400,000
固定資産計	740,000	0	150,000	590,000
買掛金	1,500,000	1,200,000	3,000,000	3,300,000
流動負債計	1,500,000	1,200,000	3,000,000	3,300,000
売上高	0	0	14,000,000	14,000,000
プロジェクト売上高計	0	0	0	14,000,000
外注費	0	3,000,000	0	3,000,000
…		…		…
プロジェクト原価計	0	6,450,000	0	6,450,000
プロジェクト損益				7,550,000

プロジェクト元帳の利用局面

プロジェクト元帳では、**プロジェクト別の費用や収益を集計し、プロジェクト別の採算管理**を行います。管理サイクルも部門別管理と同様に月次が一般的で、月次決算が完了すると、印刷出力やPDFなどで経営層やプロジェクト責任者などに報告されます。

プロジェクトのグルーピングに関しても、プロジェクトグループのようなマスタがあれば部門別管理と同様にプロジェクトグループ別の出力が可能です。ただし、部門別管理と異なり、プロジェクトとグルーピングして照会するニーズは部門費管理と比べると少なく、特に企業規模が小さいほどそこまでのニーズはないことが多いため、プロジェクトグループ機能までを持ち合わせているか否かは会計システムの規模によって異なります。

プロジェクト元帳の出力に必要なデータテーブル

プロジェクト元帳の出力に必要なデータテーブルも、基本的には部門別一覧表と同じで、**仕訳情報が格納された仕訳テーブル**と、**勘定科目別、プロジェクト別の期首残高を保持した期首残高テーブル**の2つに加え、予算実績比較を行う場合には、勘定科目別、プロジェクト別の予算金額を格納した**プロジェクト予算テーブル**が必要です。なお、プロジェクト管理の場合、予算金額は部門別管理のように月別に設定するのではなく、プロジェクト単位で設定することが多いです。

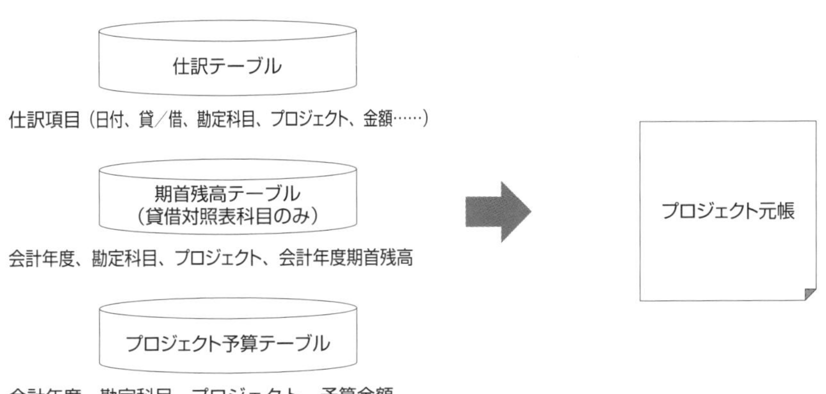

◆プロジェクト元帳に必要なデータテーブル

連結財務諸表作成のための基礎情報

次に、管理用項目を利用した帳票の代表的なものとしてセグメント別一覧表と取引先別一覧表について解説します。これらの管理帳票は、部門別一覧表やプロジェクト元帳と同様に管理帳票である一方で、連結財務諸表を作成するための元資料としての役割もあります。

連結財務諸表とは、企業グループ内の各社の貸借対照表、損益計算書、キャッシュ・フロー計算書などを合算した企業グループ全体の財務諸表であり、連結貸借対照表、連結損益計算書、連結キャッシュ・フロー計算書を指します。上場企業などはこれらを作成して開示する必要があります。

連結財務諸表はグループ各社の財務諸表を合算した上で、グループ間の取引を消去して作成するものです。このグループ間取引を消去することを**相殺消去**といいます。相殺消去をする理由は、各社の財務諸表を単純合算しただけでは、売上や仕入、売掛金や買掛金が両建てで膨れ上がってしまっているからです。その際に、取引先別一覧表が必要になります。

また、上場企業などは連結財務諸表の開示をする際に、補足情報として企業グループの財務諸表を事業セグメント別に集計したセグメント情報の開示が必要であり、そのために、**セグメント別一覧表**が必要になります。

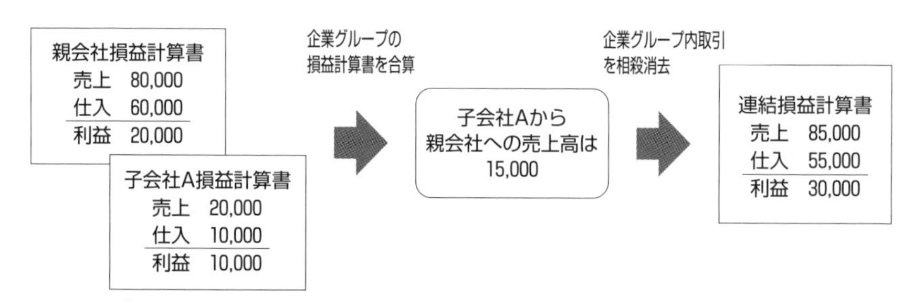

◆連結財務諸表（連結損益計算書）の作成イメージ

取引先別の科目残高を見るための取引先別一覧表

取引先別一覧表は、貸借対照表科目や損益計算書科目を取引先別に管理するための管理用帳票です。

各行には勘定科目が並びます。各列には取引先が並び、指定した時点における勘定科目別、取引先別の残高が表示されます。

◆取引先別一覧表のイメージ

期間	2020年4～9月

勘定科目	子会社A	子会社B	東北製作所（グループ外）	…	計
現金	0	0	0	100,000	100,000
普通預金	0	0	0	11,900,000	11,900,000
売掛金	1,500,000	1,750,000	1,500,000	250,000	5,000,000
商品	1,670,000	480,000	840,000	510,000	3,500,000
未収入金	0	0	108,000	342,000	450,000
仮払金	0	0	0	150,000	150,000
流動資産計	3,170,000	2,230,000	2,448,000	13,252,000	21,100,000
建物	0	0	0	25,000,000	25,000,000
車両運搬具	1,000,000	500,000	750,000	250,000	2,500,000
工具器具備品	600,000	300,000	450,000	150,000	1,500,000
ソフトウェア	1,200,000	600,000	900,000	300,000	3,000,000

取引先別一覧表の利用局面

取引先別一覧表は、主に**社内の管理資料として主要な取引先との売上高や売掛金、仕入高や買掛金の管理や分析**に使用します。上表では、残高試算表のように、一定時点における取引先別の勘定残高や取引額の一覧になっていますが、たとえば、特定の取引先を絞り込んだ上で、月別に表示させた取引先別月次推移表を出力すれば、ある取引先との取引の推移を分析することも可能です。

また、前述の通り、四半期決算や、会計年度末決算における連結財務諸表作成時の相殺消去のための情報としても利用します。この場合、基本的にはグループ内の各企業との取引がわかればよいので、グループ外の取引先の情報はグループ外部の取引先として集約して表示できると便利です。

取引先別一覧表の出力に必要なデータテーブル

取引先別一覧表の出力に必要なデータテーブルも、必要なのは**仕訳情報が格納された仕訳テーブル**と、**各勘定科目の期首残高を保持した期首残**

高テーブルの２つです。期首残高テーブルには勘定科目別、取引先別の期首残高を保持しておくことが必要になります。さらに、取引先や勘定科目をグループ単位で出力するためにはそれぞれのグループマスタが必要になります。

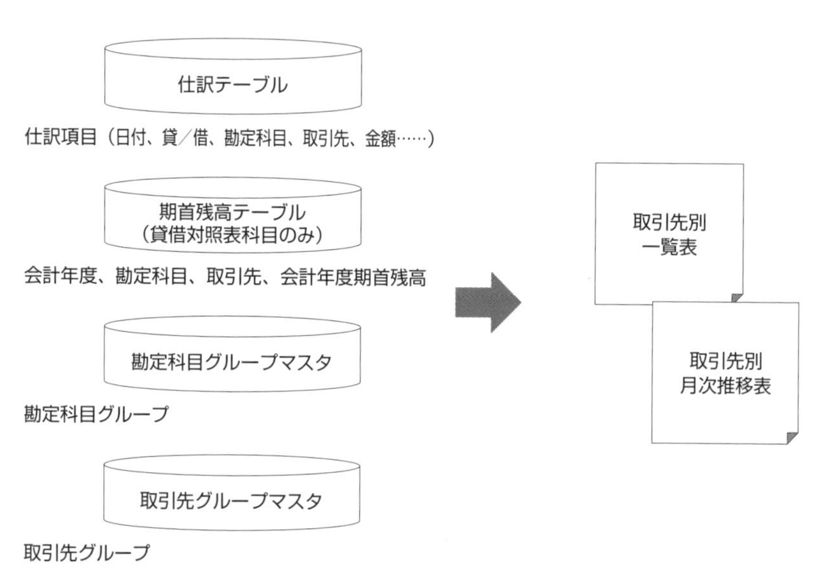

◆**取引先別一覧表に必要なデータテーブル**

損益などを事業セグメント別に見るためのセグメント別一覧表

セグメント別一覧表は、貸借対照表科目と損益計算書科目を事業セグメント別に管理するための管理用帳票です。各行には勘定科目が並びます。各列には事業セグメントが並び、一番右側に企業全体の合計額が表示されます。

◆セグメント別一覧表のイメージ

期間	2020年4～9月

勘定科目	SI事業(ERP)	Si事業(受託)	機器販売事業	本社（全社）	合計
現金	0	0	0	100,000	100,000
普通預金	3,570,000	1,904,000	2,856,000	3,570,000	11,900,000
売掛金	3,000,000	800,000	1,200,000	0	5,000,000
商品	2,100,000	560,000	840,000	0	3,500,000
未収入金	180,000	72,000	108,000	90,000	450,000
仮払金	15,000	12,000	18,000	105,000	150,000
流動資産計	8,865,000	3,348,000	5,022,000	3,865,000	21,100,000
建物	10,000,000	5,000,000	7,500,000	2,500,000	25,000,000
車両運搬具	1,000,000	500,000	750,000	250,000	2,500,000
工具器具備品	600,000	300,000	450,000	150,000	1,500,000
ソフトウェア	1,200,000	600,000	900,000	300,000	3,000,000
投資有価証券	2,000,000	1,000,000	1,500,000	500,000	5,000,000
長期前払費用	960,000	480,000	720,000	240,000	2,400,000
固定資産計	15,760,000	7,880,000	11,820,000	3,940,000	39,400,000
総資産計	24,625,000	11,228,000	16,842,000	7,805,000	60,500,000
買掛金	2,400,000	640,000	960,000	0	4,000,000
未払金	660,000	211,200	316,800	132,000	1,320,000
未払法人税等	0	0	0	300,000	300,000
未払消費税等	0	0	0	180,000	180,000
預り金	240,000	128,000	192,000	240,000	800,000
流動負債計	3,300,000	979,200	1,468,800	852,000	6,600,000
長期借入金	0	0	0	6,900,000	6,900,000
固定負債計	0	0	0	6,900,000	6,900,000
資本金	0	0	0	40,000,000	40,000,000
利益剰余金	0	0	0	7,000,000	7,000,000
負債・純資産計	3,300,000	979,200	1,468,800	54,752,000	60,500,000

セグメント別一覧表の利用局面

セグメント別一覧表は、主に**社内管理資料として事業セグメントごとの資産や負債、損益の管理**に使用します。管理サイクルは月次が一般的で、月次決算が完了すると、印刷出力やPDFなどで経営層や各事業部長などに報告されます。

セグメント別一覧表も取引先別一覧表と同様、四半期決算や会計年度末決算のときに、連結財務諸表作成時のセグメント情報のための基礎資料としても利用します。

セグメント別一覧表の出力に必要なデータテーブル

セグメント別一覧表の出力に必要なデータテーブルも、必要なのは**仕訳情報が格納された仕訳テーブル**と、**各勘定科目の期首残高を保持した期首残高テーブル**の2つです。期首残高テーブルには勘定科目別、セグメント別の期首残高を保持しておくことが必要になります。さらに、セグメントや勘定科目をグループ単位で出力するために、それぞれのグループマスタが必要になります。

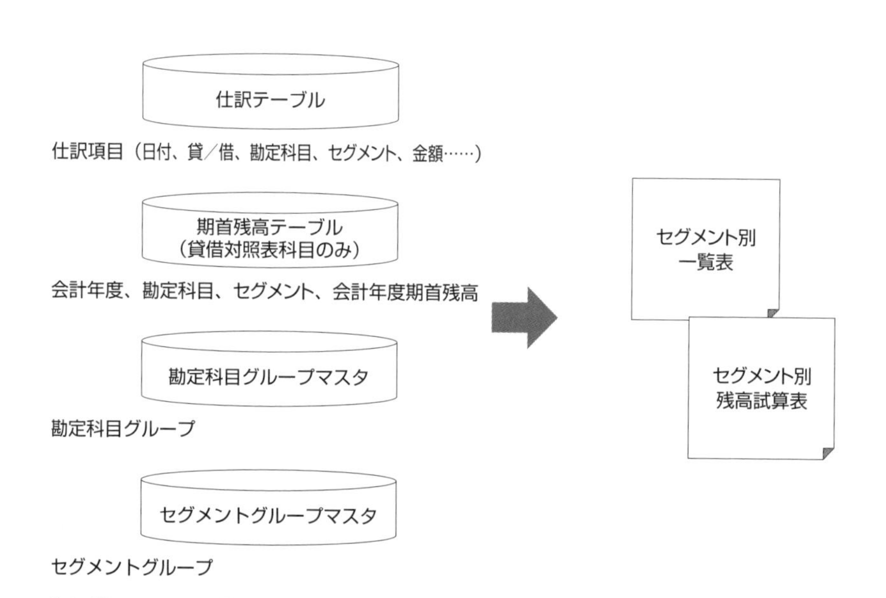

◆セグメント別一覧表に必要なデータテーブル

3-6 財務用帳票

財務用帳票の消費税一覧表

課税区分別の課税基準額を出力するための消費税一覧表

消費税は、ほとんどの取引に発生するもので、仕訳を作成する際、次のように課税区分を付します。

日付　2020年11月30日
摘要　○○商事への売上

借方		/	貸方	
売掛金	110,000	/	売上高 (課税売上げ10%)	110,000

日付　2020年11月30日
摘要　○○工場への出張

借方		/	貸方	
交通費 (課税仕入れ10%)	30,000	/	現金	30,000

消費税一覧表は、課税区分別の課税基準額と税額の一覧表です。行には勘定科目が並び、列には課税区分ごとの課税基準額と税額が並びます。

課税区分は、売上など消費税を預かる場合には、課税（8％）、課税（10%）、非課税、免税などがあり、経費や資産の購入など消費税を支払う場合には、課税（8％）、課税（10%）、非課税があります。また、課税基準額は税抜金額のことであり、税額は消費税の金額です。

消費税の納税額の計算（確定申告）は、会計システムで仕訳ごとに計上した課税区分、課税基準額、税額の情報を集計することにより行います。

一方、勘定科目ですが、各仕訳でどの勘定科目を使用したかは消費税の納税額の計算とは直接関係はありません。ある経費を会議費や通信費という勘定科目で計上しても、支払った消費税の金額は同じであり納税額も変わりありません。よって勘定科目は必須の情報ではありません。

下表のような課税区分別一覧があれば、預かった消費税が5,050,000円で、支払った消費税が4,755,000円であることがわかりますので確定申告は可能です。

◆課税区分別一覧のイメージ

課税期間	2020年4月～2021年3月

課税基準額							対象外
仮受消費税等				仮払消費税等			
課税10%		免税売上	非課税売上げ	課税10%		非課税仕入れ	
課税基準額	消費税額	課税基準額		課税基準額	消費税額		
50,500,000	5,050,000	19,900,000	390,000	47,550,000	4,755,000	4,650,000	16,700,000

では、どうして消費税一覧表のような帳票が必要なのかというと、消費税の計上が正しく行われているかを確認する際に、仕訳ひとつひとつの課税区分や消費税額を確認するのは大変な作業だからです。一方で、勘定科目ごとに使用する課税区分はおおむね決まっていることが多いので、消費税一覧表を利用して消費税がおおむね正しく計上されているかを確認します。

◆消費税一覧表のイメージ

課税期間	2020年4月～2021年3月

勘定科目	税抜金額	課税基準額							対象外
		仮受消費税等				仮払消費税等			
		課税10%		免税売上げ	非課税売上げ	課税10%		非課税仕入れ	
		課税基準額	消費税額	課税基準額		課税基準額	消費税額		
売上高	70,000,000	50,000,000	5,000,000	19,900,000	100,000	0	0	0	0
仕入高	36,000,000	0	0	0	0	36,000,000	3,600,000	0	0
給与手当	15,000,000	0	0	0	0	0	0	0	15,000,000
法定福利費	3,000,000	0	0	0	0	0	0	3,000,000	0
福利厚生費	1,300,000	0	0	0	0	1,300,000	130,000	0	0
…	6,000,000	0	0	0	0	6,000,000	600,000	0	0
固定資産売却益	300,000	500,000	50,000	0	0	0	0	0	0
投資有価証券売却損	400,000	0	0	0	200,000	0	0	0	0
合計		50,500,000	5,050,000	19,900,000	390,000	47,550,000	4,755,000	4,650,000	16,700,000

消費税一覧表の利用時期としては、消費税の確定申告のときになりま

す。確定申告は基本的には年一度で会計年度の終了時です。ただ、消費税の確定申告は税務署に届け出ることにより年に何回かに分けて行うことができ、その場合にはその都度使用することになります。

売却損益勘定と消費税

前ページの表の下から2行目の「固定資産売却益」を見ると、税抜金額300,000円に対し、課税基準額は500,000円、消費税額が50,000円となっています。

固定資産や有価証券の売買を行った場合、それら取引によって生じた収入から固定資産や有価証券の簿価を差し引いた純損益額を固定資産売却益（損）、有価証券売却益（損）の勘定科目で計上します。以下の仕訳は、200,000円の固定資産を税抜500,000円で売却して300,000円の固定資産売却益が生じた例です。

◆固定資産売却の仕訳

借方			貸方	
現金	550,000	/	固定資産売却益	350,000
			（課税区分：課税売上げ10%）	
			固定資産	200,000

消費税は売却した金額に対して課税されます。よって、この例では消費税の課税基準額は500,000円であり、消費税額は50,000円です。上記の仕訳だと、固定資産売却益の消費税額が50,000円にならなくなってしまいます。このような場合の対応として、次のように固定資産売却益の仕訳明細に**課税基準額情報**を保持するようにします。

◆別途課税基準額を持たせるイメージ

借方			貸方	
現金	550,000	/	固定資産売却益	350,000
			（課税基準額：500,000）	
			（課税区分：課税売上げ10%）	
			固定資産	200,000

消費税額一覧表イメージは、この対応を前提としています。なお、このような機能がない場合は、仕訳の計上方法を次のように工夫することにより対応します。

◆消費税額を仕訳で工夫するイメージ

借方		/	貸方	
現金	550,000	/	固定資産売却収入 （課税区分：課税売上げ10%）	550,000
固定資産売却収入 （課税区分：対象外）	500,000		固定資産	200,000
			固定資産売却益 （課税区分：対象外）	300,000

1行目貸方の「固定資産売却収入」科目が消費税の集計対象となります。一方で、固定資産売却収入は同額を借方にも計上しているため（貸方の550,000円のうち、50,000円は仮受消費税になります）、残高は0になり、前述の仕訳と同じ結果になります。

消費税一覧表の出力に必要なデータテーブル

消費税一覧表の出力に必要なデータテーブルは、**仕訳情報が格納された仕訳テーブルのみ**です。消費税は一定期間に預かった消費税と支払った消費税を集計して確定申告をするので、繰越残高という概念はなく、期首残高テーブルは特に必要ありません。

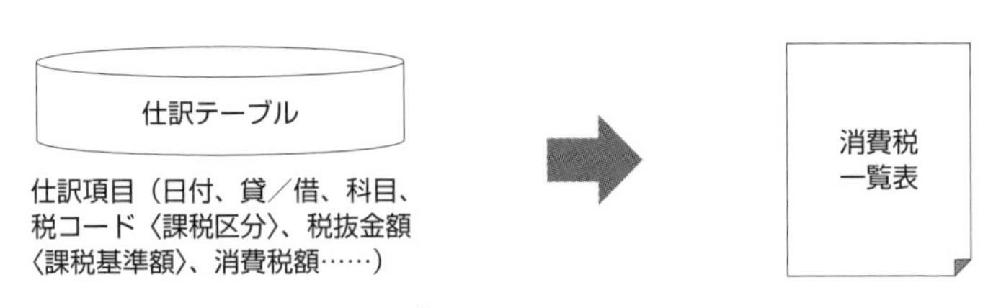

◆消費税一覧表に必要なデータテーブル

3-7 帳票作成とデータダウンロード

帳票の作成手順と処理時間を短縮する

帳票作成機能

ここまでさまざまな帳票の内容について解説してきましたが、ここからは会計システムで帳票を作成するための手順について説明します。帳票作成の手順は、次の通りです。

STEP 1：帳票名を定義する

例では「部門別一覧表」と定義します。帳票のヘッダー部に表示されます。

STEP 2：帳票の行項目を定義する

行には勘定科目を表示するため行項目を「勘定科目」と定義します。

STEP 3：帳票の列項目を定義する

同じく、列には各部門を表示するため、列項目を「部門」と定義します。

STEP 4：抽出条件を定義する

会計年度、月度、勘定科目、部門など、部門別一覧表を出力する際に、絞り込み条件として選択可能な項目を定義します。

STEP 5：帳票のジャンプ先を定義する

例では勘定科目×部門別の残高をクリックすると、総勘定元帳にジャンプするように定義しています。

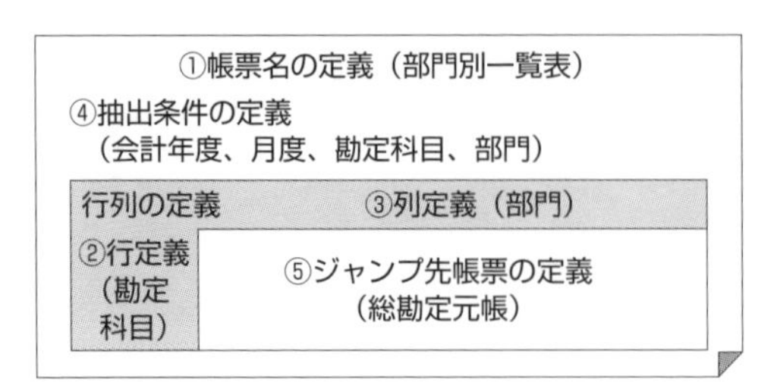

◆部門別一覧表の作成手順

データダウンロード機能

会計システムからデータをダウンロードして、表計算ソフトで加工して帳票を作成することができるように、**テーブルデータのダウンロード機能**を備えている会計システムも多くあります。テーブルとその抽出条件を指定してPCにダウンロードします。データダウンロードは、帳票作成機能では実現できない分析や、他のシステムから抽出したデータと組み合わせた帳票を作成するのに便利です。

仕訳の量が多い場合、帳票の出力に時間がかかってしまいます。そこで、期中の月別の合計額を保持する形になっている場合があります。これを「**合計テーブル**」もしくは「**集計テーブル**」と呼びます。このようなテーブルがあると帳票の出力が格段に速くなりますし、データダウンロード時もダウンロードするデータの量が少なくて済み便利です。

合計テーブルは、下表の「4月計」「5月計」のように、あらかじめ集約したデータを格納しておくことによって、処理時間の短縮に寄与させるものです。

◆合計テーブルのイメージ

会計年度	勘定科目	セグメント	部門	プロジェクト	取引先	借方/貸方	期首残高	4月計	5月計	6月計	…	3月計	合計
2020	売掛金	機器販売	東日本営業	—	○○商事	借方	1,000	1,100	950	1,150		1,200	11,800
2020	売掛金	機器販売	東日本営業	—	○○商事	貸方		1,000	1,100	950		1,100	10,500
⋮													

第4章

会計システムの機能

4-1 取引処理の流れ

取引が処理されて会計システムのデータとして蓄積される

会計システムにおける取引処理の流れ

取引を仕訳データに変換し、それを総勘定元帳に更新して蓄積し、そのデータを元に財務諸表を出力するのが会計システムにおける一連の処理の流れとなります。

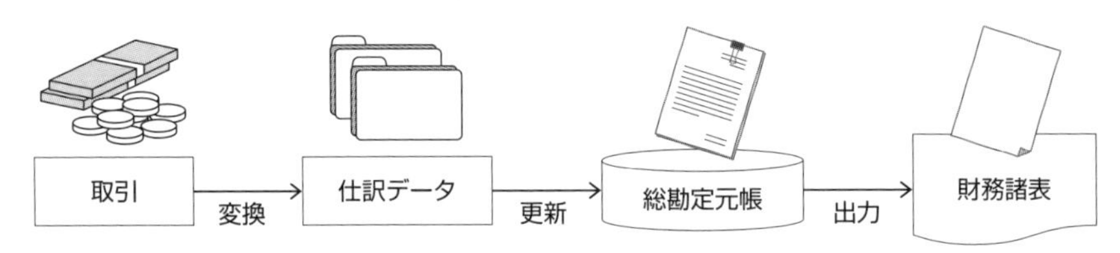

◆会計システムにおける処理の流れ

会計システムにおける取引とは？

取引という言葉は意味する範囲が広く、一般的には相手と交渉や契約をすること、ものやお金をやりとりすることなど広く用いられます。

しかし、会計システムにおいて取り扱う取引とは、次のような事象が発生する取引に限られ、これらの取引を**会計取引**といいます。

- 現金や預金、在庫などの**資産**の増加／減少
- 買掛金や借入金などの**負債**の増加／減少
- 資本金や利益剰余金などの**純資産（資本）**の増加／減少
- 売上や受取利息などの**収益**の増加／減少
- 売上原価や給与などの**費用**の増加／減少

たとえば、得意先から注文を受けたという事象は、販売システムでは「受注オーダーの新規登録」取引として取り扱われ、受注オーダーのトランザクションデータが生成されます。しかし、当該取引は上記会計取引のいずれにも該当しないので、会計システムでは取引としては取り扱いません。

このことを言い換えると、仕訳を生成する必要がある取引を会計取引といい、次の複式簿記要素の組み合わせに該当するものになります。

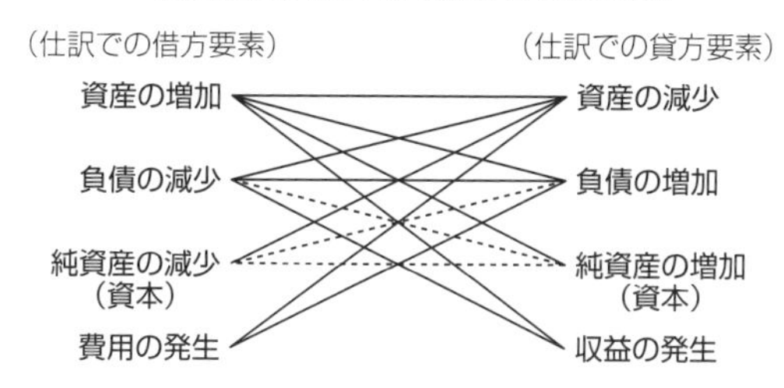

◆**複式簿記要素の組み合わせ**

会計システムにおける仕訳データの保持

会計システムでは、会計取引に該当する取引を**仕訳データ**に変換して保持します。

仕訳データとは、資産、負債、純資産（資本）、費用、収益といった取引要素の増減を、次に示す一定のルールに従って借方と貸方に区分した上で、各取引要素の内容を元に選定された勘定科目に、取引日付や取引金額などの項目を加えたトランザクションデータのことです。

◆仕訳データ作成のルール

取引の要素	増 減	貸借区分
資産	増加	借方
	減少	貸方
負債	増加	貸方
	減少	借方
純資産（資本）	増加	貸方
	減少	借方
収益	増加（発生）	貸方
	減少（取消し）	借方
費用	増加（発生）	借方
	減少（取消し）	貸方

たとえば、2020年6月20日に300円の文房具を現金で買ったという取引があるとすると、会計システムでは下表のように仕訳を保持します。なお、文房具の購入は消耗品費で計上することとします。

◆会計システムで保持される仕訳データ

日 付	要 素	増 減	貸借区分	勘定科目	金 額
2020年6月20日	費用	増加	借方	消耗品費	300
2020年6月20日	資産	減少	貸方	現金	300

本事例は消耗品費という費用が増加（発生）したので、消耗品費を借方とし、現金という資産が減少したので現金を貸方として上記の仕訳をトランザクションデータとして保持することを示しています。

仕訳データの拡張

ここまで会計システムにおける取引処理の基本的な流れを説明しましたが、実際の会計システムでは上記に示した仕訳データの項目（貸借区分、日付、勘定科目、金額）だけでは経理業務を円滑に行うことはできません。そこで、次のような情報項目を仕訳データに付加することで、より業務や経営管理に役立つ情報を提供することが可能になります。

- **伝票番号**……仕訳データのキーになる番号
- **部門**……取引が発生した部門
- **入力者**……仕訳を起票した人（システムのユーザー）を特定
- **摘要**……取引内容の説明

※これら以外にも仕訳データに追加する項目があります。

さて、上記の情報項目を加えると、前ページの仕訳データは次のように拡張されます。拡張された仕訳データは仕訳以外の情報も含んでいるので、**会計伝票データ**ということにします。

会計伝票とは、会計取引を記録するための一定のフォーマットのことです。会計伝票データは仕訳データを中心とし、仕訳には直接関係しない業務や経営管理に役立つ情報を含んだデータセットをいいます。

仕訳は、少なくとも借方と貸方に１つずつの明細を保持しますが、時には複数の明細を保持することもあります。そこで、会計伝票データは下表のように「伝票番号」や「日付」のように全明細に共通する**会計伝票ヘッダ**と明細固有の**会計伝票明細**とに分けて保持します。

◆会計伝票データ

・会計伝票ヘッダ

伝票番号	日 付	摘 要	入力者
112	2020年6月20日	○○商店　文房具購入	田中一郎

・会計伝票明細

伝票番号	貸借区分	勘定科目	部 門	金 額
112	借方	消耗品費	営業課	300
112	貸方	現金	営業課	300

実際の会計システムにおける会計伝票データは、仕訳以外の多くの項目を含みます。たとえば、製品や顧客のカテゴリー、出荷数量、販売単価、支払に必要な情報などです。

4-2 会計伝票作成の自動化

会計処理を自動化する

会計伝票の作成

前節では取引から会計伝票が作成される流れを説明しましたが、ここからは実務として会計伝票が作成されるメカニズムを見ていきます。

会計システムに会計データを保持するには、マニュアル（手作業）で入力するか、他システムの情報を用いて自動的に会計伝票を作成します。

マニュアル（手作業）による伝票作成

伝票入力用の画面で会計伝票データ生成に必要な情報を、人がマニュアルで入力して伝票データを登録します。そのため、伝票を作成するには仕訳の構造などの会計知識が必要になります。

122	2020/06/15		
○○商店　文房具購入			田中一郎
借方	消耗品	営業課	300
貸方	現金	営業課	300

◆伝票入力画面

自動化による伝票作成

会計伝票をマニュアルでなく、システムで自動的に行うことを**自動仕**

訳の作成といいます。どの程度の自動化ができるかはケース・バイ・ケースですが、販売システムや在庫管理システムなど、業務システムからの取引データを元に会計システムで会計伝票データを作成する場合は、仕訳を自動生成するほうが効率的で利点が多いといえます（ケースの詳細は第5章を参照）。

自動仕訳のプロセス

自動仕訳は、次のようなSTEPで行われます。

STEP 1 仕訳の元情報
STEP 2 仕訳作成のルールの定義
STEP 3 会計伝票の作成

STEP 1：仕訳の元情報

取引の諸情報のうち、仕訳生成に使用可能な情報です。たとえば、工場から製品を出荷したという取引があれば、出荷した日、売上金額、製品の原価、出荷部門などの情報がこれに当たり、これらが仕訳を作成する基礎となります。

STEP 2：仕訳作成のルールの定義

仕訳の元となる取引のタイプごとに仕訳生成のルールを定義します。たとえば、取引のタイプが「外注費の計上」の場合、仕訳のルールとして「入金日を伝票日付とし、借方の勘定科目を外注費、貸方の科目を買掛金とする。外注費の部門は外注を受け入れた工場部門とする」といった定義をあらかじめ行っておきます。

STEP 3：会計伝票の作成

システムで設定されたルールに基づいて会計伝票が作成されます。会計伝票が作成されるタイミングとしては、元の取引が発生したらリアルタイムで仕訳が生成されるケース、日時のバッチ処理で仕訳が生成されるケース、月次決算処理で一括して仕訳が生成されるケースなど、さまざまなケースがあります。

自動仕訳のメリット

企業の基幹システムでは多くの会計伝票が自動仕訳で作成され、自動仕訳を生成するようにすると次のメリットを得ることができます。

・仕訳の正確性の確保

企業が成長するにつれて企業の取引は多岐にわたるようになり、かつ、取引件数は増大します。さらに、会計伝票の項目は単純なものではなく、経理処理以外の業務や経営管理に役立つ情報など多くの項目が処理されます。そのため、マニュアルによる伝票作成では正確性が確保できないことが多く、自動仕訳により会計伝票生成を活用することで正確な会計処理の実現を目指すことが望ましいといえます。

・会計伝票の網羅性の確保

企業内で発生する会計取引はすべて漏れなく記帳する必要がありますが、マニュアルによる会計伝票の作成は漏れが生じる恐れがあります。

自動仕訳を行うことで、少なくとも自動仕訳の対象とされた取引については、人間の不注意による入力漏れのリスクから解放され、取引記録の網羅性が確保されます。

・首尾一貫性の確保

仕訳の自動化により、同じ取引による会計処理が同じように処理されるようになるので会計処理の首尾一貫性が確保されます。

・効率性の確保

自動仕訳にすることで、マニュアルによる伝票作成に比べて大幅な効率化が可能となります。

会計データの生成は自動化が望ましいものですが、例外的な処理の発生が想定される取引や、専門的な見地から会計処理を検討すべき取引など、自動化が難しい取引について無理に自動化すると、かえって処理の正確性や効率性などを阻害する場合があります。

通常の在庫の出庫は売上による製品の出荷や原材料の工程への払出しですが、出庫された在庫が研究費として処理する場合、社内消費として処理する場合、顧客に提供する見本品として処理する場合、スクラップとして処理する場合など、さまざまな例外的な処理が想定されます。それら想定される処理に応じた精緻な仕訳ルールを設定して仕訳を自動化しようとすると、仕訳元情報の確保やルール適用が複雑になり、かえって、その部分の開発コストが大きくなってしまう可能性があります。

そのため、そのような場合には、システムからのアウトプットを参照して手動で会計伝票を生成することも検討対象とし、自動化する場合と比べてコストと効果の面でどちらが有利かを慎重に検討する必要があります。

4-3 消費税処理

会計データと一体的に発生する消費税処理を適正に実行する

消費税処理の目的

会計システムにおける**消費税処理**とは、取引の税区分や税率を明らかにして、税務申告を正しく行うための情報を確保することです。

たとえば、ある売上取引が「税率が10%の課税取引」であれば、会計伝票のその取引の明細に「この取引は課税売上げで10%の取引である」というフラグ（課税区分・税率区分）をつける必要があります。

そういった蓄積された情報を使用して消費税の申告業務を行います。

したがって、会計システムの導入においては、消費税の面から見てどういう種類の取引があるのかを把握し、どのような形で消費税の申告を行っているかを確認する必要があります。

消費税の会計処理

最初に、消費税に関わる取引の仕訳例を見てみます。

取引1：税抜金額で6,000円の商品を現金で仕入れた。

取引2：その商品を税抜金額10,000円で売り、現金を受け取った。

◆税抜経理方式の場合の仕訳

取引1

（借方）	商品	6,000	（貸方）	現金	6,600
	仮払消費税	600			

取引2

（借方）	現金	11,000	（貸方）	売上高	10,000
				仮受消費税	1,000
（借方）	売上原価	6,000	（貸方）	商品	6,000

税抜経理方式による仕訳は売上に関わる消費税額を**仮受消費税**として負債に計上し、仕入に関わる消費税額を**仮払消費税**として資産に計上します。

なお、取引2の2つ目の仕訳は商品の売上に伴う売上原価計上の仕訳です。これは課税仕入れでもなければ課税売上取引でもない不課税（課税対象外）の取引です。

消費税の経理処理には、税抜経理方式の他に税込経理方式があります。税込経理方式では、これまでの仕訳は次の通りになります。

◆税込経理方式の場合の仕訳

取引1

（借方）	商品	6,600	（貸方）	現金	6,600

取引2

（借方）	現金	11,000	（貸方）	売上高	11,000
（借方）	売上原価	6,000	（貸方）	商品	6,000

税込経理方式の場合は、売上と仕入に関わる消費税がそれぞれ売上金額、仕入金額の中に含まれて処理されます。

一定規模以上の企業では税抜経理方式が一般的のため、以降では税抜経理方式を前提に説明します。

消費税取引の処理

会計システムで消費税取引を処理する目的は、税務申告を行うための情報を保持することです。

仮に、ある会計期間においてその会社の一期間の取引が上記の取引1と取引2だけだったとすると、消費税額は次の通りとなります。

課税売上げに関わる消費税額－控除対象仕入税額

1,000円－600円＝400円

会計システムにおいては、このようにいくらの消費税を納めるべきかという情報が申告時に抽出できるように会計伝票のデータを保持する必要があります。

具体的なデータの例を見てみます。まず、取引１と取引２の会計伝票データは下表のようになります。

◆取引1の会計伝票データ

・会計伝票ヘッダ

伝票番号	日 付	摘 要	入力者
112	7月1日	○○商店　商品仕入	田中一郎

・会計伝票明細

伝票番号	貸借区分	勘定科目	金額	課税区分	税 率	税 額
112	借方	商品	6,000	課税仕入れ	10%	600
112	借方	仮払消費税	600	課税仕入れ	10%	600
112	貸方	現金	6,600			

◆取引2の会計伝票データ

・会計伝票ヘッダ

伝票番号	日 付	摘 要	入力者
112	7月25日	□□商会　商品売上	山田次郎

・会計伝票明細

伝票番号	貸借区分	勘定科目	金額	課税区分	税 率	税 額
225	借方	現金	11,000			
225	貸方	売上高	10,000	課税売上げ	10%	1,000
225	貸方	仮受消費税	1,000	課税売上げ	10%	1,000
225	借方	売上原価	6,000	課税対象外		
225	貸方	商品	6,000	課税対象外		

消費税取引の集計

各伝票明細に課税区分や税率、税額といった消費税処理に必要な情報を保持します。現金科目の明細は課税取引に関わる代金の収受に該当するもので、課税取引には該当せず、課税取引でない場合の税区分は不要です。

このように取引のデータを保持することで総勘定元帳の明細を課税区分ごとに集計することができ、税務申告のための基礎資料が作成可能となります。

これまでの例では、下表のような消費税レポートが出力できれば消費税の申告が可能になります。

◆消費税レポートの出力例

課税区分	税　率	税抜金額	税　額	税込金額
課税売上げ	10%	10,000	1,000	11,000
課税仕入れ	10%	6,000	600	6,600

なお、仮払消費税科目や仮受消費税科目の明細、課税対象外の明細、税区分が空白の明細は集計対象としません。

実際の消費税申告では課税売上げの税込金額に110分の100を掛けて、千円未満の端数を切り捨てた金額を消費税の課税標準とし、課税仕入れの税込金額を控除対象仕入税額の計算の基礎とします。

こういった、消費税の申告書作成で必要となる金額を確認して、それに対応する課税区分をシステムで用意します。

一般的に使用される課税区分は、下表の通りです。

◆課税区分の説明

課税区分	取引内容
課税売上げ	• 商品、製品の売上のほか、機械や建物などの事業用資産の売却など事業のための資産の譲渡、貸付け、サービスの提供などの取引 • 税務申告のために課税売上げの税込金額を集計する必要がある • 標準税率が適用される取引と軽減税率が適用される取引は区分する必要がある
輸出免税	• 商品などの輸出売上取引 • 課税の対象とはならないが、税務申告のために売上額を集計する必要がある
非課税売上げ	• 土地の売買や福祉サービスなど、課税の対象としてなじまないものや社会政策的配慮から課税しない売上取引 • 課税の対象とはならないが、税務申告のために売上額を集計する必要がある

課税仕入れ	• 商品の仕入、機械や建物などの事業用資産の購入または賃借、原材料や事務用品の購入、運送などのサービスの購入、その他事業のための購入などの取引 • 税務申告のために課税仕入れの税込金額を集計する必要がある • 標準税率が適用される取引と軽減税率が適用される取引は区分する必要がある
輸入仕入れ	• 輸入品の仕入取引 • 課税取引となり輸入時に消費税を納付する • 税務申告のために納付額を集計する必要がある
非課税仕入れ	• 土地の売買や福祉サービスなど、課税の対象としてなじまないものや社会政策的配慮から課税しない仕入取引 • 課税の対象とはならないが、税務申告のために売上額を集計する必要がある
不課税 （課税対象外）	• 寄附や単なる贈与、出資に対する配当など、そもそも消費税の適用の対象にならない取引 • 税務申告においては集計の対象とならない

必要な課税区分は会社によって違います。上記以外にも会社によって必要な課税区分が起こり得ますが、課税区分の設定においては会社における消費税取引に関する要件をよく吟味する必要があります。

消費税取引の入力

会計システムで消費税を入力する場合は、税込金額で入力する方式と税抜金額で入力する方式の2通りがあります。前者を**内税入力**、後者を**外税入力**といいます。

たとえば、前述の取引1のケースにおいて、内税入力では、商品の金額を税込金額の6,600と入力します。その上で、システムで自動的に税抜金額6,000円の商品科目の明細と、600円の仮払消費税科目の明細に区分して伝票データを作成します。

それに対して外税方式では、商品の税抜金額6,000円を入力します。その上で、システムで自動的に600円の仮払消費税科目の明細を追加します。

内税入力においても外税入力においても、仕訳の相手側の科目である現金科目は6,600円なので貸借が一致することになります。

なお、上記の例で、たとえば内税入力で商品の税込金額が6,606円だった場合は、消費税額に1円未満の端数が生じます。

6,606×10/110＝600.54545…

このような場合に備えて、システムで**端数処理の方法を設定しておく**必要があります。端数処理は切捨て、切上げ、四捨五入のいずれでも可能です。

たとえば上記の例で四捨五入を選択すると消費税額は601円になり、下表の会計伝票データが作成されます。

◆取引1の会計伝票データ

・会計伝票ヘッダ

伝票番号	日 付	摘 要	入力者
112	7月1日	○○商店　商品仕入	田中一郎

・会計伝票明細

伝票番号	貸借区分	勘定科目	金 額	課税区分	税 率	税 額
112	借方	商品	6,005	課税仕入れ	10%	601
112	借方	仮払消費税	601	課税仕入れ	10%	601
112	貸方	現金	6,606			

なお、この例では消費税額をシステムで自動計算して端数を処理していますが、これに加えて**ユーザーが任意に消費税額を変更可能としておくこと**が望ましいといえます。外部との取引においては、消費税の端数処理方法が自社の方法と一致していない場合などで税額に差異が生じることがあるため、手動による税額の修正が必要となるからです。

さらに、例では自動的に仮払消費税の明細を生成していますが、ユーザーがマニュアルで仮払消費税または仮受消費税の明細を作成する入力方式（別記入力、別途入力と呼ばれます）を備える会計システムもあります。

適格請求書等保存方式への対応

2023年10月１日から「**適格請求書等保存方式**」という消費税額の仕入税額控除の方式が適用されます。そのため、会計システムとその周辺システムにおいては関連する種々の対応が必要になります。

たとえば売上取引については、請求書において適用税率ごとの取引総額を計算した上で、税率ごとの消費税額を算出することになり、その端数処理は、一請求書当たり、税率ごとに1回ずつとなります。

また、仕入取引については、交付を受けた適格請求書に記載された税額をすべて集計して仕入税額を計算する方式が原則となります。

「適格請求書等保存方式」の適用は、会計システムに大きな影響を与えるので、あらかじめ慎重に対応を検討する必要があります。

4-4 外貨会計

外貨建取引に関わる処理を適正に行う

外貨会計とは？

外貨会計は、外貨建取引の記帳やその取引の結果発生した外貨建の債権・債務の換算替を行う機能のことをいいます。

外貨建取引にはいくつかの形態があり、会計システムが取り扱う外貨建取引は、外貨建の物品の売買、借入／貸付けなどの資金取引、デリバティブ取引などがあります。ここでは外貨建の物品の売買を例に挙げて説明します。

外貨建で取引をした場合、たとえば日本の企業が米ドル建の輸出取引で売上の相手方に対する売掛金は米ドル建で保有しています。したがって、米ドル建の金額をシステムに保持する必要があります。

しかしながら、会社の財務諸表は日本円ベースで作成するので、最終的に会計データを日本円に換算して保持する必要があります。

したがって、会計システムで外貨建取引を正しく記帳するには、**米ドルと日本円の両方の通貨で取引を記帳できる機能**が必要となります。

外貨会計の基本的な設定事項

外貨会計を会計システムで実現するには、次のような設定項目が必要になります。

- **通貨**

会社が取引する可能性のある通貨をあらかじめ定義しておきます。通常はISOで定義されている3文字の通貨コード（日本円であればJPY、米国ドルであればUSDなど）を使用します。

・**会社通貨**

会計処理の基本単位である会社ごとに取引の基本となる通貨を設定します。これを**会社通貨**といいます（会計システムによって、基本通貨、会計通貨といった呼び方もされます）。

会社通貨は会社の原則的な取引通貨をいい、税務当局への申告などをする場合の通貨となります。

日本の企業の場合は、ほぼ例外なく日本円を会社通貨としています。海外の企業の場合も基本的にその国の通貨を会社通貨とします。ただし、その国の通貨とは別に、会社にとって主要な取引で使用される通貨を税務当局への報告や決算書作成で使用することが認められている場合は、その通貨を会社通貨として会計システムに登録します。そのような通貨を**機能通貨**といいます。

たとえば、ベトナムにある製造子会社の取引の大部分が米ドル建のため、米ドルを機能通貨として当局への報告に使用している場合には、会計システムにおいてもベトナムの製造子会社の会社通貨を米ドルで設定します。その場合は、ベトナムの通貨であるベトナムドンによる国内取引は、会計システムでは外貨建取引として取り扱います。

・**レート表**

外貨で取引を記帳するためには、定義した通貨に対して、それぞれの通貨の換算レートをレート表に登録しておく必要があります。換算レートとは外貨通貨1単位に対する会社通貨の換算金額をいいます。

◆レート表の例

外貨通貨	通貨名称	レート区分	適用開始日	換算レート
USD	米ドル	社内レート	2020/5/1	105.25円
USD	米ドル	社内レート	2020/6/1	104.71円
USD	米ドル	社内レート	2020/7/1	104.93円
USD	米ドル	資産評価レート	2020/5/31	104.85円
USD	米ドル	資産評価レート	2020/6/30	105.07円
EUR	ユーロ	社内レート	2020/5/1	118.64円
EUR	ユーロ	社内レート	2020/6/1	117.95円

レート区分は、どのような取引に適用されるレートかを定義する項目です。この会社では取引時には社内レート、決算時の外貨建債権の評価には資産評価レートを使用します。適用開始日は、いつからそのレートを適用するかを定義します。

外貨による取引の記帳の実際

前述の日本企業が米ドル建の輸出取引で売上を計上した場合を具体的に見ていきましょう。

取引1

2020年5月2日に10,000米ドル（USD）の商品を米国企業のABCカンパニーに売り上げた。なお、そのときの取引レートは、1ドル＝105.25円であった。当社は日本企業につき会社通貨は日本円（JPY）である。

◆取引1の会計伝票データ

・会計伝票ヘッダ

伝票番号	日 付	摘 要	入力者
565	2020年5月2日	ABCカンパニー売上	佐藤花子

・会計伝票明細

伝票番号	貸借区分	勘定科目	取引通貨金額	取引通貨	換算レート	会社通貨金額	会社通貨
565	借方	売掛金	10,000	USD	105.25	1,052,500	JPY
565	貸方	売上高	10,000	USD	105.25	1,052,500	JPY

取引の通貨はUSDと会社の通貨JPYの両方で記帳しています。

決算時の為替評価替

月次、期末における外貨建の債権・債務の為替評価替の処理について説明します。

取引時のレートで記帳された外貨建の売掛金や買掛金は、決算時にその時点のレートで評価をして、取引時の円貨額と決算時の円貨額の差額を評価差損益として計上する必要があります。この処理について「取引2」で説明します。

取引2

2020年5月度の月次決算において売掛金の為替評価を行った。2020年5月31日の資産評価レートは、1ドル＝104.85円であった。

2020年5月2日（売上時）　10,000USD　1,052,500円
2020年5月31日（評価時）　10,000USD　1,048,500円
1,052,500円－1,048,500円＝4,000円

5月2日に1,052,500円だった売掛金が5月31日に1,048,500円に評価が下がっているので、差額の4,000円を為替差損として計上します。

◆取引2の会計伝票データ

・会計伝票ヘッダ

伝票番号	日 付	摘 要	入力者
725	2020年5月31日	ABCカンパニー売掛金為替評価	武藤心太

・会計伝票明細

伝票番号	貸借区分	勘定科目	取引通貨金額	取引通貨	換算レート	会社通貨金額	会社通貨
725	借方	為替差損	0	USD	104.85	4,000	JPY
725	貸方	売掛金	0	USD	104.85	4,000	JPY

日本円での評価にかかわらず、ドル金額は不変なので取引通貨金額は修正の必要がなく、この金額欄は0になります。

外貨会計に対応した会計システムにおいては、為替差損益の計算と評価差損益の会計伝票を起票する機能を備えています。この例では個別の売掛金の評価替の例ですが、実際には会計システムの中の評価替対象の資産負債を一括して評価替して対応する会計伝票を起票します。

決済時の処理

最後に外貨建の債権・債務を決済したときの処理について説明します。外貨建の債権・債務を外貨で入金または支払を行い、決済をします。この処理について「取引３」で説明します。

取引３

2020年６月10日にABCカンパニーの外貨建売掛金について、10,000 USDの入金が外貨預金口座にあった。そのときの決済レートは、１ドル＝104.70円であると銀行から連絡があった。

入金するのはあくまでドル金額です。そのドル金額は６月10日の決済レートで記帳され、決済対象の売掛金の簿価（本例では５月31日の評価額）との差額は評価差損益として処理されます。

2020年５月31日（評価時）　10,000USD　1,048,500円
2020年６月10日（決済時）　10,000USD　1,047,000円
1,048,500円－1,047,000円＝1,500円

５月31日に日本円で1,048,500円だった売掛金が６月10日に1,047,000円で決済され、差額の1,500円を為替差損として計上します。

◆取引3の会計伝票データ

・会計伝票ヘッダ

伝票番号	日付	摘要	入力者
863	2020年6月10日	ABCカンパニー売掛金入金	武藤心太

・会計伝票明細

伝票番号	貸借区分	勘定科目	取引通貨金額	取引通貨	換算レート	会社通貨金額	会社通貨
863	借方	外貨預金	10,000	USD	104.70	1,047,000	JPY
863	借方	為替差損	0	USD	104.70	1,500	JPY
863	貸方	売掛金	10,000	USD	104.85	1,048,500	JPY

4-5 部門別業績管理

部門別の実績と予算を管理する

部門別の業績管理とは？

多くの企業で部門別の業績管理を行っています。その部門別の業績管理は予算管理制度と密接に結びついています。

つまり、部門別に損益の実績を把握して、それを部門別の予算値と対比させ、その実績と予算の差額（「**予実差異**」という）の原因を分析することで、各部門の活動を是正し、追加の活動支援を実施して業績を高めていきます。よくいわれる「PDCAサイクル」です。

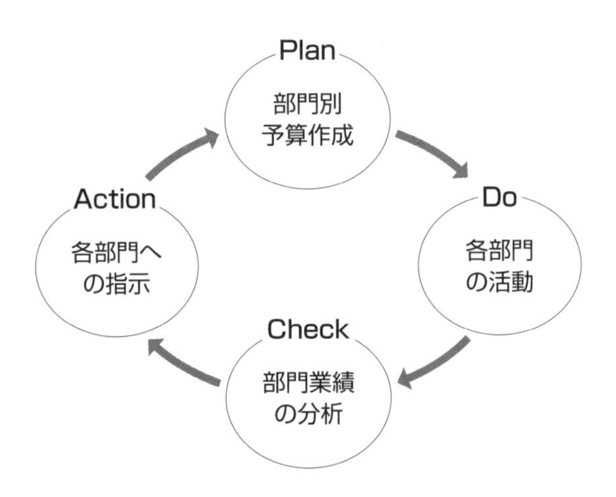

◆業績管理におけるPDCA

会計システムにおける部門別業績管理の役割は、**PDCAサイクルを効果的に回すためのサポートをすること**にあります。これは会社の決算を行う財務会計の機能とは別に管理会計の機能として位置づけられます。

部門別に実績を把握するために必要なこと

部門別に業績を把握するためには、まずは**実績ベースの部門別損益計算書**が出力できなくてはなりません。部門別損益計算書を出力するには、損益取引に関わる会計伝票の明細に部門を付すことが必要になります。

たとえば200,000円で売上を計上したケースでは、下表のようになります。

◆仕訳に部門コードを付加する

貸借区分	伝票日付	勘定科目	金　額	部　門
借方	7月25日	売掛金	200,000	
貸方	7月25日	売上高	200,000	営業１課

仕訳明細に部門を付すことで、勘定科目別に加えて部門別に集計することができるので部門別損益計算書が出力できるようになります。

部門別の予算

予算は、一定期間の活動の計画を金額で表すもので、通常は損益項目について勘定科目別、部門別に立案します。

部門別の業績管理という観点からは、実績ベースの部門別損益計算書で使用する勘定科目や部門と同じ区分での予算立案が必要になります。

収益、費用の実績を部門別に把握し、それらを部門別予算と対比する損益計算書を表示することで部門別予算実績管理を行います。

予算番号は、予算の種類を表します。企業は当初予算、修正予算、着地見込みなど、予算の管理方法によって種類の異なる複数の予算を立案することが多いので、会計システムにおいても予算の種類ごとに予算番号を付して複数の予算を保持できるようにします。

通常の予算は年度単位で作成しますが、月次で予実対比分析を行うので、予算データは月ごとに分かれている必要があります。

◆予算データのイメージ

予算年度	予算番号	予算名	月	貸借区分	勘定科目	金　額	部　門
2020	1	基本予算	7月	貸方	売上高	205,000	営業1課
2020	1	基本予算	7月	貸方	売上高	180,000	営業2課
2020	1	基本予算	7月	借方	売上原価	140,000	営業1課
2020	1	基本予算	7月	借方	売上原価	110,000	営業2課
2020	2	基本予算	7月	貸方	売上高	200,000	営業1課
2020	2	基本予算	7月	貸方	売上高	190,000	営業2課
2020	2	基本予算	7月	借方	売上原価	135,000	営業1課
2020	2	基本予算	7月	借方	売上原価	115,000	営業2課
2020	3	基本予算	7月	貸方	売上高	210,000	営業1課
2020	3	基本予算	7月	貸方	売上高	195,000	営業2課
2020	3	基本予算	7月	借方	売上原価	150,000	営業1課
2020	3	基本予算	7月	借方	売上原価	120,000	営業2課
⋮	⋮	⋮	⋮	⋮	⋮	⋮	⋮

部門共通費や本社費の配賦

部門別の実績を把握するにあたり、各部門で共有して使用している社内システムの減価償却費や、複数の営業部門にまたがって実施した広告キャンペーンの費用など、複数部門で共通して発生する費用（**部門共通費**）については、すべての収益、費用を部門別に区分して把握することが難しい場合があります。それらは個別の部門ごとにどれだけ負担するかは明確には決められないことが多いからです。

また、経理部や総務部などの本社部門の費用（本社費）を政策的に各現場部門に負担させた上で業績管理を行うことが有用な場合があります。

このような場合に、費用を一定の基準で各部門に負担させる仕組み「**配賦**」が必要となります。配賦処理を行うことで、部門共通費や本社費を負担すべき部門に負担させて、合理的な部門別業績管理を行うことができるようになります。

なお、業績管理は月次で行うため、配賦も月単位で行います。

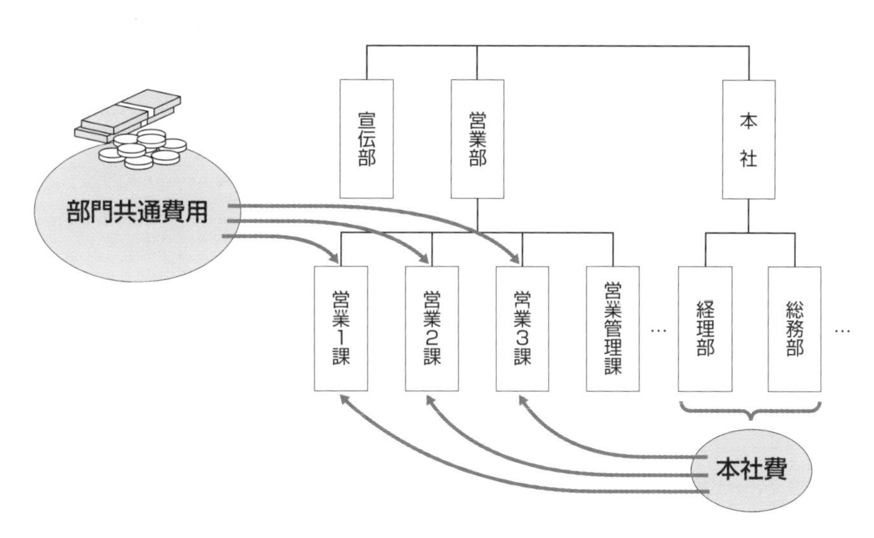

◆配賦処理の仕組み

配賦処理をするには、下表の要素（配賦条件）を決定する必要があります。

◆配賦処理をする際に決めるべき条件

配賦条件	内　容
① 配賦元	どの部門のどの勘定科目から配賦するかを決定する
② 配賦先	どの部門のどの勘定科目へ配賦するかを決定する
③ 配賦金額	どういう金額を配賦するかを決定する • 実績金額を配賦する • 予算金額を配賦する • 固定金額を配賦する
④ 配賦基準	どういった基準で配賦するかを決定する • 実績数値の割合（配賦率）で配賦する • 予算数値の割合（配賦率）で配賦する • 固定割合で配賦する • 均等に配賦する

上表の要素を決定して配賦を実行します。

◆共通費と本社費の配賦計算

（例１）部門共通費の配賦

①配賦元　宣伝部で計上した広告宣伝費

②配賦先　営業１課から営業４課の広告宣伝費

③配賦金額　１カ月の広告宣伝費の実際発生額

　７月　１千万円発生

④配賦基準　各営業課の年間売上予算の割合

　営業１課売上予算　　５億円（配賦率　25%）

　営業２課売上予算　　８億円（配賦率　40%）

　営業３課売上予算　　７億円（配賦率　35%）

営業課売上予算合計　20億円

（例２）本社費の配賦

①配賦元　本社各課（経理課・総務課・企画室）の本社費配賦額

②配賦先　全営業課の本社費配賦額

③配賦金額　１カ月の本社の各課費用の予算額合計

　経理課予算額　　450万円

　総務課予算額　　300万円

　企画課予算額　　250万円

本社費予算額合計　１千万円

④配賦基準　各営業課の人員計画数の割合

　営業１課人員計画数　24人（配賦率　24%）

　営業２課人員計画数　44人（配賦率　44%）

　営業３課人員計画数　32人（配賦率　32%）

営業課人員計画数合計　100人

上記の配賦条件に基づいて配賦処理を行うと、下表のような配賦の仕訳が生成されます。

◆例１の仕訳データのイメージ

貸借区分	伝票日付	勘定科目	金　額	部　門
貸方	7月31日	広告宣伝費	10,000,000	宣伝部
借方	7月31日	広告宣伝費	2,500,000	営業１課
借方	7月31日	広告宣伝費	4,000,000	営業２課
借方	7月31日	広告宣伝費	3,500,000	営業３課

◆例2の仕訳データのイメージ

貸借区分	伝票日付	勘定科目	金　額	部　門
貸方	7月31日	本社費配賦額	4,500,000	経理課
貸方	7月31日	本社費配賦額	3,000,000	総務課
貸方	7月31日	本社費配賦額	2,500,000	企画室
借方	7月31日	本社費配賦額	2,400,000	営業1課
借方	7月31日	本社費配賦額	4,400,000	営業2課
借方	7月31日	本社費配賦額	3,200,000	営業3課

配賦処理は、配賦条件を元に手動で配賦仕訳を起票することもできますが、配賦条件の変更のないケースでは会計システムが用意している配賦仕訳の**自動生成機能**を使用することも有用です。

配賦仕訳の自動生成機能を使用することで、間違いのない正確な配賦処理を効率的に行うことができます。また、複数の配賦条件で配賦処理を連続して実行させることで、多段階の配賦処理を手作業と比較して簡単に行うことも可能になります。

部門別業績管理用の損益計算書

以上を元に部門別損益計算書を出力すると、次ページのようなイメージになります。広告宣伝費と本社費が営業1課、営業2課、営業3課に配賦されています。

◆部門別業績管理用の損益計算書のイメージ

○○株式会社　　部門別損益計算書（2020年７月）　　単位：千円

	営業１課			営業２課			営業３課		
	実績	予算	差異	実績	予算	差異	実績	予算	差異
売上高	521,690	500,000	21,690	785,674	800,000	-14,326	708,698	700,000	8,698
売上原価	375,261	364,000	11,261	565,085	578,000	-12,915	510,863	503,000	7,863
売上総利益	146,429	136,000	10,429	220,589	222,000	-1,411	197,835	197,000	835
（売上総利益率）	28.1%	27.2%		28.1%	27.8%		27.9%	28.1%	
販売費									
販売手数料	9,002	8,566	436	16,807	17,053	-246	11,998	12,668	-670
広告宣伝費	3,950	3,604	346	5,090	5,477	-387	4,105	3,980	125
交際費	254	265	-11	305	372	-67	168	170	-2
その他	16,908	15,890	1,018	33,325	32,021	1,304	23,658	24,373	-715
管理費									
給与	25,607	25,680	-73	48,651	49,544	-893	34,632	35,792	-1,160
その他人件費	12,350	12,750	-400	19,952	20,700	-748	17,956	18,288	-332
教育研修費	650	786	-136	570	639	-69	483	511	-28
備品消耗品費	2,050	1,902	148	3,752	3,751	1	2,675	2,586	89
減価償却費	9,875	9,652	223	23,857	22,782	1,075	20,012	19,276	736
その他	9,658	8,758	900	22,581	20,602	1,979	15,074	14,393	681
販管費合計	90,304	87,853	2,451	174,890	172,940	1,950	130,761	132,036	-1,276
営業利益	56,125	48,147	7,978	45,699	49,060	-3,361	67,075	64,964	2,111
（営業利益率）	10.8%	9.6%		5.8%	6.1%		9.5%	9.3%	
本社費配賦額	2,400	2,500	-100	4,400	4,350	50	3,200	3,100	100
部門利益	53,725	45,647	8,078	41,299	44,710	-3,411	63,875	61,864	2,011
（部門利益率）	10.3%	9.1%		5.3%	5.6%		9.0%	8.8%	

4-6 プロジェクト会計

プロジェクトを会計単位として処理を行う

プロジェクト別の費用管理を行うためのプロジェクト会計

プロジェクト会計とは、プロジェクトに関わる費用をプロジェクト別に集計することで、個々のプロジェクト費用の発生状況を把握する仕組みです。

企業においては、通常は部門ごとに費用を把握します。しかし、企業の活動の中には部門とは別に費用を把握したい場合があります。たとえば、試験研究にかかった諸費用を部門別に計上すると個々の試験研究にかかった費用が全体でいくらなのかを把握することが困難になるので、試験研究の単位ごとに把握して管理したい場合などです。

そのため、会計システムにおいて、部門とは別にプロジェクトという集計単位を設け、そのプロジェクトに個別の試験研究の単位ごとの費用を集計することで試験研究の費用を管理しやすくします。そのプロジェクトに関わる会計処理を行うのがプロジェクト会計です。

プロジェクトの会計処理は企業によりさまざまな方法が採用されます。また、プロジェクト会計自体も会計システムによってさまざまな機能が実装されています。

プロジェクト会計で費用をプロジェクト別に集計する

プロジェクト会計の機能でプロジェクトを費用に集計するには、費用発生の会計伝票で部門ではなくプロジェクト番号を指定します。

取引1

8月3日にプロジェクト番号A121の試験研究のために検査器具100,000円を購入した（備品消耗品費で計上）。また、同時に外部に委託した機能試験作業150,000円について内容を確認の上で受入検収した（外部委託費で計上）。

◆取引1の仕訳イメージ

貸借区分	伝票日付	勘定科目	金 額	部 門	プロジェクト番号
借方	8月3日	備品消耗品費	100,000		A121
貸方	8月3日	外部委託費	150,000		A121
貸方	8月3日	未払金	250,000		

本例では仕訳データにプロジェクト番号を指定することで、試験研究ごとの費用を明確にしています。このような処理は、試験研究以外にも、広告キャンペーンや各種の社内プロジェクトの費用の把握に有効です。

取引2

12月15日にプロジェクト番号A121の試験研究が完了し、全額を研究1課の研究費に振り替えた。なお、A121で計上した費用は取引1で計上した費用のみとする。

◆取引2の仕訳データイメージ

貸借区分	伝票日付	勘定科目	金 額	部 門	プロジェクト番号
借方	12月15日	研究費	250,000	研究1課	
借方	12月15日	備品消耗品費	100,000		A121
貸方	12月15日	外部委託費	150,000		A121

プロジェクトが完了したらプロジェクトの費用から部門の費用に振り替えます。

なお、上記の処理において試験研究が完了する前に決算日を迎えた場合は、決算日の日付で研究費に振り替え、翌期首日付でその逆仕訳を起票（洗替え処理）することで、会計期間をまたいでプロジェクトの管理を行うことが可能となります。

プロジェクトに計上された費用を資産に振り替える

説明した事例は、費用を資産計上せずプロジェクト番号で集計するケースですが、建設業の請負工事における工事原価の集計や個別受注生産の製品原価の集計、社内の固定資産の取得原価の集計（建設仮勘定の原価集計）などでは、個別に集計した原価は費用ではなく資産として計上する必要があります。

取引3

9月15日にプロジェクト番号A221の特注製造品の製造のために原材料250,000円を払い出した（原材料からの払出し）。また、同時に製造作業の作業報告に基づき直接労務費300,000円を計上した（労務費からの計上）。

◆取引3の仕訳データイメージ

貸借区分	伝票日付	勘定科目	金　額	部　門	プロジェクト番号
借方	9月15日	仕掛品	550,000		A221
貸方	9月15日	原材料	250,000		A221
貸方	9月15日	労務費	300,000		A221

上記の設例では発生した製造費用は仕掛品という資産に計上されます。固定資産の場合は**建設仮勘定**という資産に計上され、建設業における建造物の場合は**未成工事支出金**という資産に計上されます。

取引4

10月5日にプロジェクト番号A221の個別受注品の製造が完了し、全額を製品勘定に振り替えた。なお、A221で計上した費用は取引3で計上した費用のみとする。

◆取引4の仕訳データイメージ

貸借区分	伝票日付	勘定科目	金　額	部　門	プロジェクト番号
借方	10月5日	製品	550,000	製造2課	
貸方	10月5日	仕掛品	550,000		A221

上記の設例では製造品が完成時点で仕掛品から製品に振り替えられます。固定資産の場合は、製造が完成し稼働開始した時点で建設仮勘定から固定資産に振り替えられます。

また、建設業の建設物の場合は、販売時点で未成工事支出金から完成工事原価に振り替えられます。

工事売上の計上

ここまでプロジェクトへの費用の集計について見てきましたが、プロジェクト会計においては収益についても取り扱う場合があります。ここでは建設業における売上の計上（収益の認識）について説明します。

建設業における請負工事の場合、その売上の計上基準として**工事完成基準**と**工事進行基準**があります。

工事完成基準は文字通り工事が完成して顧客に引き渡した時点で売上高と売上原価を計上します。

それに対して、工事進行基準は決算日における工事の進捗度に応じて売上高と売上原価を計上します。工事進行基準による売上の計上は、長期で大規模な請負工事について行われます。

以下、工事完成基準と工事進行基準の処理の違いを見ていきます。

工事完成基準の場合

取引5

6月12日にプロジェクト番号K503の立体駐車場の建築工事が完成して物件を顧客に引き渡した。物件の対価は2億円、K503に集計された工事原価は1億6千万円だった。工事完成基準に従って売上高と売上原価を計上する。

◆取引5の仕訳データイメージ

[売上の計上]

貸借区分	伝票日付	勘定科目	金額	部門	プロジェクト番号
借方	6月12日	完成工事未収入金	220,000,000		
貸方	6月12日	完成工事高	200,000,000		K503
貸方	6月12日	仮受消費税	20,000,000		

※完成工事未収入金は建設業特有の勘定科目で、一般企業の売掛金に該当する。同じく完成工事高は一般企業の売上高に該当する

[売上原価の計上]

貸借区分	伝票日付	勘定科目	金額	部門	プロジェクト番号
借方	6月12日	完成工事原価	160,000,000	第2建築部	
貸方	6月12日	未成工事支出金	160,000,000		K503

※完成工事原価は建設業特有の勘定科目で、一般企業の売上原価に該当する。同じく未成工事支出金は一般企業の仕掛品に該当する

工事の完成引き渡しによって売上高と売上原価を計上します。売上高は物件の対価となり、売上原価はプロジェクト番号K503に集計された原価となります。

工事進行基準の場合

取引6

当期の決算末（12月31日）時点におけるプロジェクト番号K670のオフィスビルの建築工事に集計された工事原価は累計で9億円だった。ビル工事の契約総額は16億円、見積りの工事原価総額は12億円である。工事進行基準に従って当期の売上高と売上原価を計上する。

なお、工事進捗度は原価比例法で見積もる。

また、前期末までの工事売上高の計上額は累計8億円で、工事原価の計上額は累計で6億円であった。

◆取引6の仕訳データイメージ

[売上の計上]

貸借区分	伝票日付	勘定科目	金 額	部 門	プロジェクト番号
借方	6月12日	完成工事未収入金	440,000,000		
貸方	6月12日	完成工事高	400,000,000		K670
貸方	6月12日	仮受消費税	40,000,000		

※完成工事未収入金は建設業特有の勘定科目で、一般企業の売掛金に該当する。同じく完成工事高は一般企業の売上に該当する

[売上原価の計上]

貸借区分	伝票日付	勘定科目	金 額	部 門	プロジェクト番号
借方	6月12日	完成工事原価	300,000,000	第2建築部	
貸方	6月12日	未成工事支出金	300,000,000		K670

※完成工事原価は建設業特有の勘定科目で、一般企業の売上原価に該当する。同じく未成工事支出金は一般企業の仕掛品に該当する

この例では、工事進捗度を一般的に使用される**原価比例法**で見積もっています。原価比例法とは、**工事進捗度**を決算日までに実際に発生した工事原価の見積工事原価総額に対する割合で測定する方法です。

工事進捗度は、工事原価の累計額の見積りの工事原価総額に対する割合で算出します。具体的には、次のようになります。

工事進捗度＝9億円/12億円＝75%
当期の工事売上計上額＝16億円×75%－8億円＝4億円
当期の工事原価計上額＝9億円－6億円＝3億円

このような工事進行基準による工事売上の計上を取り扱うことができる会計システムでは、プロジェクト会計の機能の中で見積工事売上総額、見積工事総原価、前期までの累計売上額、累計工事原価額といった工事進行基準の適用に必要な情報を保持して、当期までに集計された工事原価累計額から自動的に当期の工事売上計上額、工事原価計上額を計算して仕訳を起票します。

第 5 章

周辺業務システムと会計システムとの連携

5-1 周辺業務システムとの連携の要点

業務トランザクションを会計伝票に変換する

周辺業務システムとは？

企業は販売管理システムや購買管理システム、人事管理システムなどのさまざまな業務システムによって社内の業務を管理しています。たとえば、販売管理システムは商品の受注や出荷から請求まで、購買システムは材料の発注や検収・入庫、人事管理システムでは社員の給与計算といった業務を管理しています。

本章ではそれらの業務システムのうち、会計システムと連携する業務システムを**周辺業務システム**として位置づけ、主要な周辺業務システムと会計システムの連携について説明していきます。

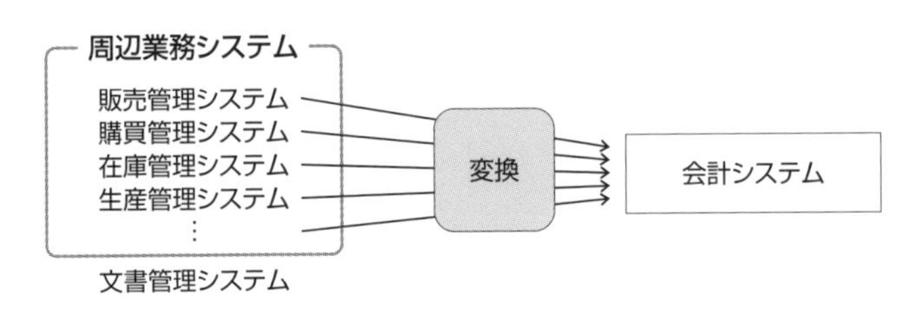

◆会計システムと関連する周辺業務システム

業務トランザクションと会計取引

周辺業務システムでは、それぞれの業務を行うことにより、業務上の**トランザクション**（取引）が発生します。

業務トランザクションの中には、受注や発注といった会計取引には該当しないトランザクションと、出荷や入庫といった会計取引に該当するトランザクションとが混在しています。会計システムに連携するのは、会計取引に該当するトランザクションだけでよいので、周辺業務システムから必要なトランザクションを網羅的に抽出して、会計データとしての仕訳の形式に変換して会計システムに反映します。

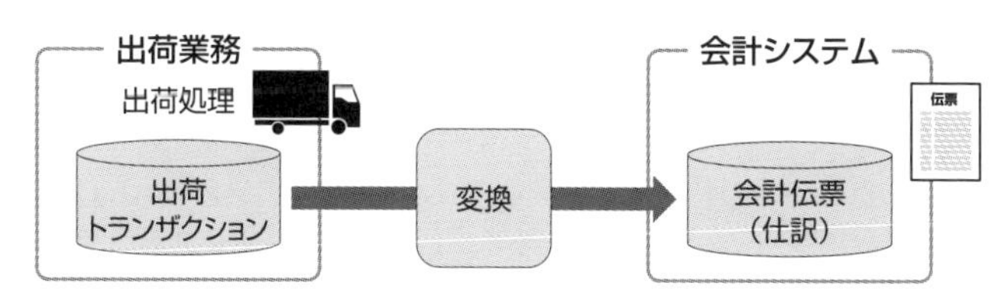

◆出荷業務の連携

この連携は、かつては手作業で行われてきました。たとえば、販売管理システムから１カ月の売上額を部門別に集計した帳票を出力し、それを元に会計伝票を起票して会計システムに入力していました。

しかし、現在ではシステム的に連携することが一般的です。その場合も、かつてのように集計値での連携ではなく、トランザクションの明細単位で連携する場合がほとんどです。これは、明細単位で連携するほうがデータの整合性を容易に担保でき、後から遡及しやすいからです。以下ではトランザクションの明細単位での連携を前提に説明します。

業務トランザクションデータから会計伝票への変換

業務トランザクションを会計伝票、すなわち仕訳形式に変換する際には、周辺業務システムのトランザクション項目のうち必要な項目を「**仕訳の元情報**」として会計の観点から解釈し、一定のルールに基づいて仕訳項目に変換して会計伝票項目として使用します。

たとえば、販売管理システムで「入金」という業務トランザクションが発生した場合には、「会計伝票の計上日付は銀行入金日、借方の勘定科目は預金、金額は入金する金額、貸方の勘定科目は売掛金」というように**変換ルールをあらかじめ定義**しておき、それに基づいて会計伝票の仕訳形式に変換します。

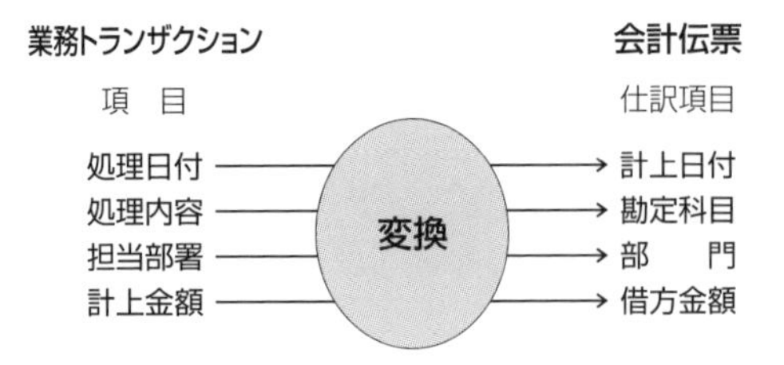

◆業務トランザクションの変換

ただし、すべての仕訳項目が業務トランザクションの仕訳の元情報を変換してセットされるわけではありません。会計システム側で独自にセットする項目もあります。

業務トランザクションと会計伝票データの参照可能性の確保

業務トランザクションを会計伝票データに変換する際には、**相互の参照可能性を確保しておくこと**が重要となります。そのため、業務トランザクションの番号と会計伝票の伝票番号の関連がわかるようにデータ連携の設計をする際に考慮します。

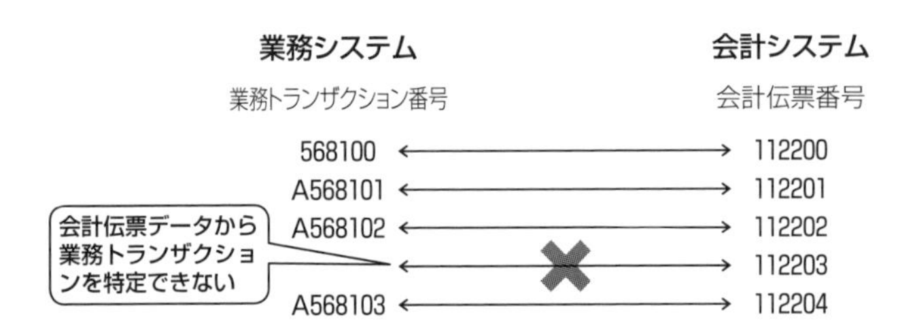

◆業務データと会計データの参照可能性確保

具体的には業務トランザクションデータの中に会計伝票番号を保持するか、会計伝票データの中にトランザクション番号を保持することで相互の関係を明確にします。この点は、内部統制報告制度や電子帳簿保存法への対応の観点においても必要な要件となります。

5-2 販売管理システムとの連携

販売管理システムのデータを会計伝票に変換する

販売管理システムとは？

販売管理システムとは、顧客からの受注を登録して、その受注に基づいて商品や製品を出荷し、売上計上を行うプロセスを管理するシステムです。

販売管理システムは受注、出荷、売上計上といった業務を管理するもので、それぞれの業務トランザクションが発生します。このうち、受注業務から発生する受注トランザクションは、会計取引に該当しないので会計システムに連携する必要はありません。

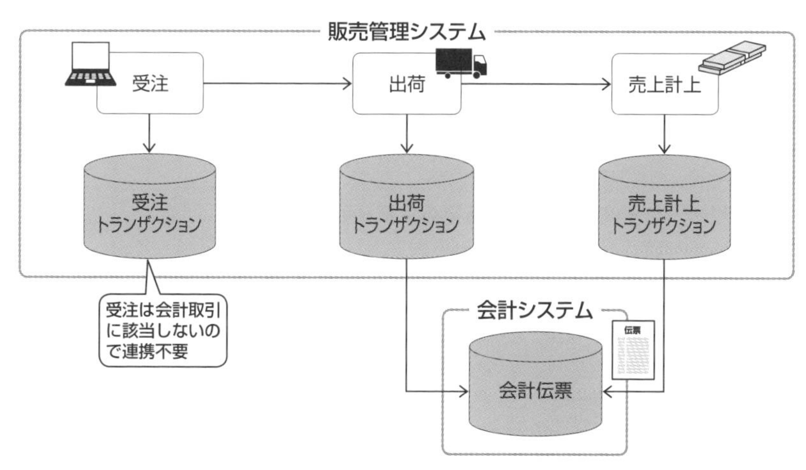

◆販売管理システムの業務トランザクション

出荷トランザクションの会計システムへの連携

出荷トランザクションは、出荷により在庫（製品または商品という資産）

が減少し、売上原価という費用が発生する会計取引です。

在庫という資産の減少は、会計では貸方取引に、費用の発生は借方取引に該当するので、出荷トランザクションから下図のような会計伝票が会計システムで生成されます。

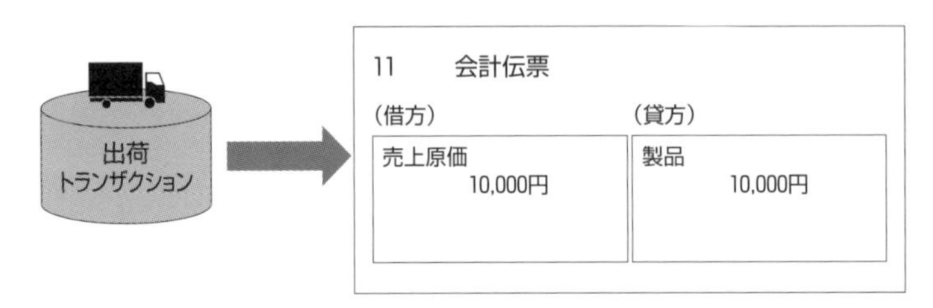

◆出荷トランザクションを会計伝票に変更する

上図は10,000円の製品を出荷した会計伝票の事例です。売上原価を借方に計上し、製品という資産が減少したので貸方に計上します。

以下、会計トランザクションと会計伝票を構成する主要な項目と業務システムの関連する項目を説明します。なお、本章の説明では、会計伝票はヘッダ項目と伝票明細に分け、伝票明細は借方／貸方の双方を構成することとしています。

◆出荷トランザクションに関わる会計伝票の主要項目

[ヘッダ項目]

会計伝票の項目	値	業務システムの項目
伝票番号	1000256	会計システム側でセット
伝票日付	2月16日	出荷日付

[伝票明細の借方]

会計伝票の項目	値	業務システムの項目
勘定科目	売上原価	トランザクションのタイプから選定
部門	埼玉営業部	販売部門
税区分	不課税	会計システム側でセット
金額	10,000	製品在庫金額

[伝票明細の貸方]

会計伝票の項目	値	業務システムの項目
勘定科目	製品	トランザクションのタイプから選定
部門	—	—
税区分	不課税	会計システム側でセット
金額	10,000	製品在庫金額

伝票番号は、会計システムで独自に採番します。

伝票日付は、販売管理システムでの出荷日とします。これは出荷日をもって売上を計上する場合の日付と同じになります。

勘定科目は、販売管理システムのトランザクションのタイプ（この場合は出荷）から自動的に選択します。すなわち、「トランザクションが出荷であれば借方は売上原価勘定、貸方は製品勘定とする」といった定義をあらかじめルールとして保持しておき、販売管理システムから会計システムへの連携時にそのルールを適用して会計伝票を作成します。

部門は、その損益が発生した部門を業務トランザクションから受け取ってセットします。売上原価の明細には出荷トランザクションから受け取った部門をセットします。部門マスタは販売管理システムと会計システムとで共有しておくことが望ましいでしょう。

一般的に資産・負債には部門を付さないことが多いので、本事例では製品の明細には部門を付していません。

税区分は、会計システム側で判断して値をセットします。本事例の場合は在庫から費用への会社内部の振替なので、課税取引に該当せず不課税としています。

金額は、出荷した製品の在庫金額で、販売管理システムが在庫管理システムから取得した値としてセットします。

なお、販売管理システムの出荷トランザクションは、在庫管理システムの出庫トランザクションにも連携して、製品在庫の引落処理を同時に実行します。

売上計上トランザクションの会計システムへの連携

売上計上トランザクションは、在庫（製品または商品）の出荷により売上が発生したことが認識され、その売上に対応する売掛金という資産が増加するという会計取引です。

売上の発生は、会計トランザクションでは貸方取引に該当し、売掛金という資産の増加は借方取引に該当するので、売上計上トランザクションから下図のような会計伝票が会計システムで生成されます。

◆売上計上トランザクションを会計伝票に変更する

上図は15,000円の製品を出荷し、売上計上する会計伝票の事例です。売上が15,000円発生したので貸方に計上すると同時に、消費税を仮受消費税という科目を用いて1,500円（税率10％）を貸方に計上します。借方は売掛金が16,500円増加しています。

以下、会計トランザクションと会計伝票を構成する主要な項目と業務システムの関連する項目を説明します。

◆売上計上トランザクションに関わる会計伝票の主要項目

[ヘッダ項目]

会計伝票の項目	値	業務システムの項目
伝票番号	1000325	会計システム側でセット
伝票日付	2月16日	出荷日付

[伝票明細の借方]

会計伝票の項目	値	業務システムの項目
勘定科目	売掛金	トランザクションのタイプから選定
部門	——	——
税区分	不課税	会計システム側でセット
金額	16,500	受注金額（税込）

[伝票明細の貸方1]

会計伝票の項目	値	業務システムの項目
勘定科目	売上高	トランザクションのタイプから選定
部門	埼玉営業部	販売部門
税区分	課税売上げ	会計システム側でセット
金額	15,000	受注金額（税抜）

[伝票明細の貸方2]

会計伝票の項目	値	業務システムの項目
勘定科目	仮受消費税	会計システム側でセット
部門	——	——
税区分	課税売上げ	会計システム側でセット
金額	1,500	会計システム側でセット

伝票番号は、会計システムの中で独自に採番します。

伝票日付は、販売管理システムにおける出荷日とします。これは売上の計上基準として出荷基準（製品・商品を顧客に向けて出荷した日に売上を計上する会計処理基準）を採用していることを前提としています。販売管理システムから出荷した日付を会計システムに連携して伝票日付にセットします。売上の計上する処理基準に検収基準（顧客の検収をもって売上計上とする会計処理基準）を採用している場合は、顧客が検収した日付を連携して会計システムでの伝票日付にします。

勘定科目は、販売管理システムのトランザクションのタイプ（この場合は売上）から自動的に選択します。すなわち、「トランザクションが売上計上であれば借方は売掛金勘定、貸方は売上勘定とする」という定義をあらかじめルールとして保持しておき、販売管理システムから会計システムへの連携時にそのルールを適用して会計伝票を作成します。

部門は、その損益が発生した部門を業務トランザクションから受け取ってセットします。売上の明細には売上計上トランザクションから受け取った部門をセットします。

一般的に資産・負債には部門を付さないので売掛金、仮払消費税の明細には部門を付していません。

税区分は会計システム側で判断して値をセットします。この場合は貸方伝票明細が課税売上取引となるので貸方の売上の明細の税区分に課税売上げをセットします。

金額は、販売管理システムから受注金額を連携して計上します。売掛金は税込金額で計上し、売上は税抜金額で計上します。仮払消費税は会計システムで税額計算をしてセットします。

なお、販売管理システムの売上計上トランザクションは債権管理システムの計上トランザクションにも連携して、売掛金の計上処理を同時に実行します。

販売管理システムによっては、出荷と売上計上を別々のトランザクションとして捉えず、1つのトランザクションとして処理するものもあります。

また、販売管理システムには上記以外にも返品や割戻しといった会計取引に該当するトランザクションがありますが、それらも上記の出荷・売上計上と同様の考え方で会計システムへ連携します。

5-3 購買管理システムとの連携

購買管理システムのデータを会計伝票に変換する

購買管理システムとは？

購買管理システムとは、仕入先への発注を登録して、その発注に基づいて原材料や商品を検収して仕入計上を行うプロセスを管理するシステムです。

購買管理システムは発注、仕入計上といった業務を管理するもので、それぞれの業務トランザクションが発生します。このうち、発注業務から発生する発注トランザクションは、会計取引に該当しないので会計システムに連携する必要はありません。

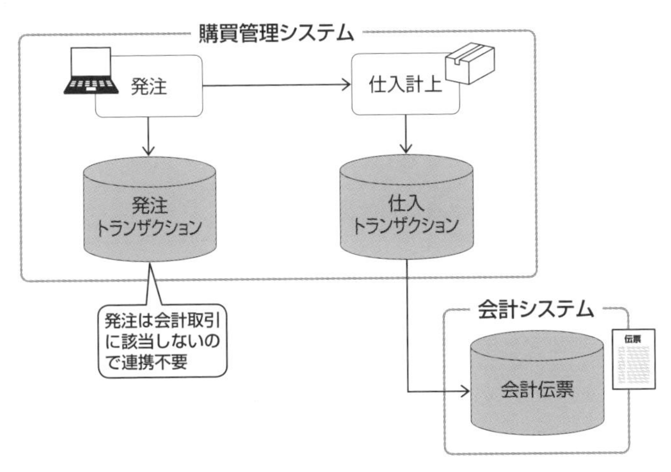

◆購買管理システムの業務トランザクション

仕入トランザクションの会計システムへの連携

仕入トランザクションは、入庫により在庫（原材料など）という資産が増加し、買掛金という債務が増加する会計取引です。

在庫という資産の増加は、会計トランザクションで借方取引に該当し、債務の発生は貸方取引に該当するので、仕入トランザクションから下図のような会計伝票が会計システムで生成されます。

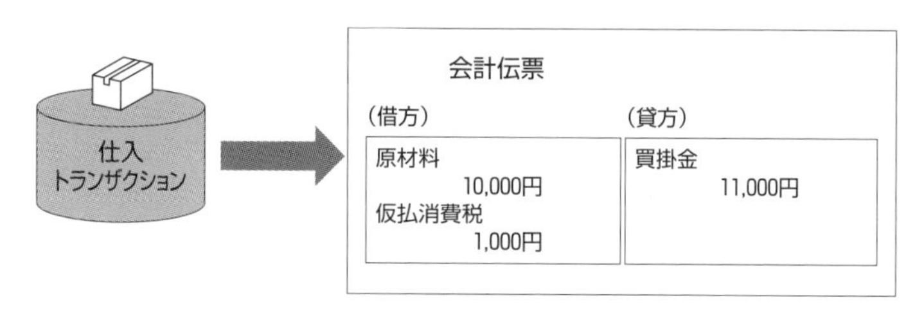

◆仕入トランザクションを会計伝票に変更する

上図は10,000円の原材料を検収して仕入計上する会計伝票の事例です。原材料という資産が10,000円増加したので、借方に計上すると同時に消費税を仮払消費税という科目を用いて1,000円（税率10％）を借方に計上します。そして11,000円の買掛金を貸方に計上します。

以下、仕入トランザクションと会計伝票を構成する主要な項目と業務システムの関連する項目を説明します。

◆仕入トランザクションに関わる会計伝票の主要項目

［ヘッダ項目］

会計伝票の項目	値	業務システムの項目
伝票番号	1000258	会計システム側でセット
伝票日付	2月16日	検収日付

［伝票明細の借方１］

会計伝票の項目	値	業務システムの項目
勘定科目	原材料	トランザクションのタイプから選定
部門	――	――
税区分	課税仕入れ	会計システム側でセット
金額	10,000	発注金額（税抜）

[伝票明細の借方2]

会計伝票の項目	値	業務システムの項目
勘定科目	仮払消費税	会計システム側でセット
部門	——	——
税区分	課税仕入れ	会計システム側でセット
金額	1,000	会計システム側でセット

[伝票明細の貸方]

会計伝票の項目	値	業務システムの項目
勘定科目	買掛金	トランザクションのタイプから選定
部門	——	——
税区分	不課税	会計システム側でセット
金額	11,000	発注金額（税込）

伝票番号は、会計システムの中で独自に採番します。購買管理システムのトランザクションの番号と参照可能性を確保しておくことが重要になります。

伝票日付は、購買管理システムにおける検収日付とします。

勘定科目は、購買管理システムのトランザクションのタイプ（この場合は仕入計上）から自動的に選択します。すなわち、「トランザクションが仕入計上であれば借方は原材料勘定、貸方は買掛金勘定とする」といった定義をあらかじめルールとして保持しておき、購買管理システムから会計システムへの連携時にそのルールを適用して会計伝票を作成します。

部門は、その損益が発生した部門を業務トランザクションから受け取りセットします。

一般的に資産・負債には部門を付さないので、原材料、仮払消費税、買掛金の明細には部門を付していません。

税区分は、会計システム側で判断して値をセットします。この場合は伝票明細の借方が課税仕入取引となるので、貸方の原材料の明細の税区分に課税仕入れをセットします。

金額は、購買管理システムから発注金額を連携して計上します。原材料は税抜金額で計上して買掛金は税込金額で計上します。仮払消費税は会計システムで税額計算をしてセットします。

なお、購買管理システムの仕入計上トランザクションは在庫管理システムの入庫トランザクションにも連携して、原材料在庫の受入処理を同時に実行します。

購買管理システムによっては、仕入トランザクションを検収と別々のトランザクションとして処理するものもあります。

また、購買管理システムには返品や値引きといった会計取引に該当するトランザクションがありますが、それらも上記の仕入計上と同様の考え方で会計システムへ連携します。

5-4 在庫管理システムとの連携

在庫管理システムのデータを会計伝票に変換する

在庫管理システムとは？

在庫管理システムとは、原材料や製品・商品などの在庫の入庫や出庫に関わる情報を把握し、在庫残高を管理するシステムです。

在庫管理システムには購買品の受入れ、原材料の製造工程への払出し、倉庫間の在庫移動、完成した製品の入庫といった主要業務があり、それぞれの業務トランザクションが発生します。そして、それらの業務トランザクションは、システムとしては在庫の入庫処理と出庫処理に区分して取り扱うことになります。すなわち、購買品の受入れ、完成品の入庫、倉庫間移動による在庫の受入れなどはシステムとしては入庫処理として取り扱い、製造工程への原材料の払出し、倉庫間移動のための在庫の払出し、製品の出荷による払出し、返品による出庫、在庫棚卸に基づく減耗品の出庫、廃棄による在庫の出庫などはシステムとしては出庫処理として取り扱います。

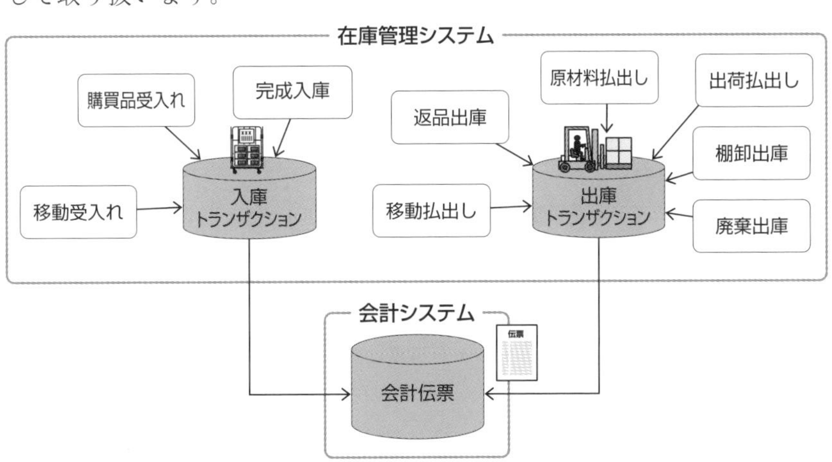

◆在庫管理システムの業務トランザクション

これらの在庫管理システムでの入庫／出庫トランザクションは、会計取引に該当するので会計システムに連携することになります。

本節では、出庫トランザクションのうちの原材料の払出しトランザクションを例にして説明します。なお、その他の入出庫トランザクションによる会計システムとの連携については、以下で挙げているページを参照してください。

- 製品の出荷払出しによる出庫トランザクション　→　販売管理システム（155ページ）
- 購買品受入れによる入庫トランザクション　→　購買管理システム（161ページ）
- 製品完成による入庫トランザクション　→　生産管理システム（169ページ）

原材料払出しトランザクションの会計システムへの連携

原材料払出しトランザクションは、原材料の出庫により、原材料という資産が減少し、仕掛品という資産が増加する会計取引です。

原材料という資産の減少は会計トランザクションでは貸方取引に該当し、仕掛品の増加は借方取引に該当するので、払出しトランザクションから下図のような会計伝票が会計システムで生成されます。

◆原材料払出しトランザクションを会計伝票に変更する

上図は、1,000円の原材料を10個倉庫から出庫し、製造工程に払い出した会計伝票の事例です。会計システムには10,000円という金額で連携します。仕掛品という資産が10,000円増加したので借方に計上し、さらに原材料という資産が10,000円減少したので貸方に計上します。

以下、会計トランザクションと会計伝票を構成する主要な項目と業務システムの関連する項目を説明します。

◆原材料払出しトランザクションに関わる会計伝票の主要項目

[ヘッダ項目]

会計伝票の項目	値	業務システムの項目
伝票番号	1000259	会計システム側でセット
伝票日付	2月16日	出庫日付

[伝票明細の借方]

会計伝票の項目	値	業務システムの項目
勘定科目	仕掛品	トランザクションのタイプから選定
部門	―	―
税区分	不課税	会計システム側でセット
金額	10,000	在庫金額

[伝票明細の貸方]

会計伝票の項目	値	業務システムの項目
勘定科目	原材料	トランザクションのタイプから選定
部門	―	―
税区分	不課税	会計システム側でセット
金額	10,000	在庫金額

伝票番号は、会計システムの中で独自に採番します。

伝票日付は、在庫管理システムにおける出庫日付とします。

勘定科目は、在庫管理システムのトランザクションのタイプ（この場合は原材料払出し）から自動的に選択します。すなわち、「トランザクションが原材料払出しであれば借方は仕掛品勘定、貸方は原材料勘定とする」といった定義をあらかじめルールとして保持しておき、在庫管理システムから会計システムへの連携時にそのルールを適用して会計伝票を作成します。

部門は、その損益が発生した部門を業務トランザクションから受け取りセットします。

一般的に資産・負債には部門を付さないので本事例でも原材料、仕掛品の明細には部門を付していません。

税区分は、会計システム側で判断して値をセットします。本事例の場合は在庫から在庫への会社内部の振替で課税取引に該当しないので不課税となります。

金額は、在庫管理システムで管理している払出単価に数量を掛けた金額になります。払出単価は、その会社が定める在庫の評価方法（平均法、先入先出法、個別法など）に従って計算された単価が適用されます。

なお、在庫管理システムの原材料払出しトランザクションは生産管理システムの原材料投入トランザクションにも連携して、原材料の工程への投入処理を同時に実行します。

また、在庫管理システムには返品や棚卸しなどの会計トランザクションが発生しますが、それらも原材料払出しと同様の考え方で会計システムに連携します。

5-5 生産管理システムとの連携

生産管理システムのデータを会計伝票に変換する

生産管理システムとは？

生産管理システムとは、生産を指示し、進捗を管理し、生産に関わるデータを管理することにより生産活動を管理するシステムです。

生産管理システムは製造指示、原材料投入、作業報告、完成報告などの業務を管理するもので、それぞれに業務トランザクションが発生します。このうち、製造指示から発生する製造指示トランザクションは会計取引に該当しないので会計システムに連携する必要はありません。

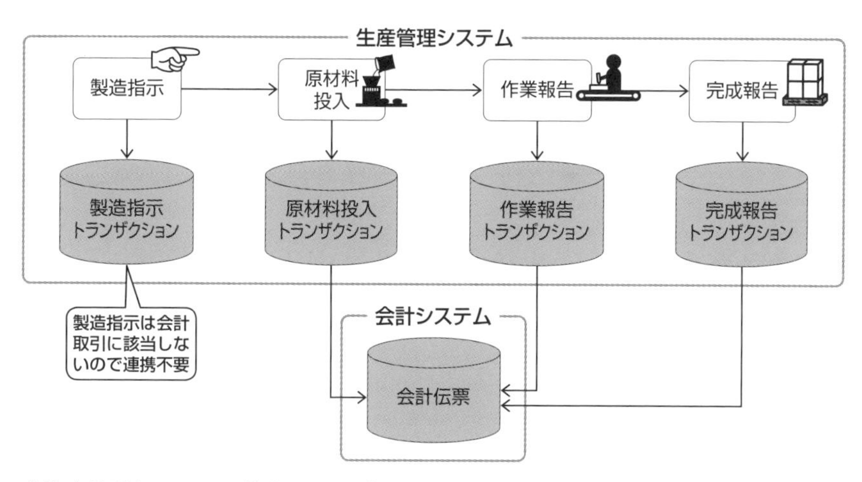

◆生産管理システムの業務トランザクション

ここでは作業報告業務による労務費の仕掛品計上、完成報告業務による製品の完成計上について説明します。なお、原材料投入業務における会計システムとの連携については、165ページの在庫管理システムとの連携の項を参照してください。

作業報告トランザクションの会計システムへの連携

作業報告トランザクションは、作業報告により仕掛品という資産が増加して労務費という費用が発生する会計取引です。

仕掛品という資産の増加は、会計トランザクションでは借方取引に該当し、労務費という費用の発生は貸方取引に該当するので、作業報告トランザクションから下図のような会計伝票が会計システムで生成されます。

◆作業報告トランザクションを会計伝票に変更する

上図は10時間の作業時間を報告して作業単価が1,000円だったケースを想定しています。会計システムには10,000円という金額で連携します。仕掛品という資産が10,000円増加したので借方に計上し、労務費という費用が10,000円減少したので貸方に計上します。

以下、会計トランザクションと会計伝票を構成する主要な項目と業務システムの関連する項目を説明します。

◆作業報告トランザクションに関わる会計伝票の主要項目

[ヘッダ項目]

会計伝票の項目	値	業務システムの項目
伝票番号	1000259	会計システム側でセット
伝票日付	2月16日	作業報告日付

[伝票明細の借方]

会計伝票の項目	値	業務システムの項目
勘定科目	仕掛品	トランザクションのタイプから選定
部門	——	——
税区分	不課税	会計システム側でセット
金額	10,000	作業時間×労務単価

[伝票明細の貸方]

会計伝票の項目	値	業務システムの項目
勘定科目	労務費	トランザクションのタイプから選定
部門	組立作業課	製造部門
税区分	不課税	会計システム側でセット
金額	10,000	作業時間×労務単価

伝票番号は、会計システムの中で独自に採番します。

伝票日付は、生産管理システムにおける作業報告をした日とします。

勘定科目は、生産管理システムのトランザクションのタイプ（この場合は作業報告）から自動的に選択します。すなわち、「トランザクションが作業報告であれば借方は仕掛品勘定、貸方は労務費勘定とする」といった定義をあらかじめルールとして保持しておき、生産管理システムから会計システムへの連携時にそのルールを適用して会計伝票を作成します。

部門は、その損益が発生した部門を業務トランザクションから受け取ってセットします。労務費の明細には作業報告トランザクションから受け取った部門をセットします。生産管理システムと会計システムで共通の部門マスタを使用することが望ましいでしょう。一般的に資産・負債には部門を付さないので、仕掛品の明細には部門を付していません。

税区分は、会計システム側で判断して値をセットします。本事例の場合は、費用から在庫への会社内部の振替で課税取引に該当しないので不課税となります。

金額は、生産管理システムで作業報告時間に労務単価を掛けて計算し、会計システムがそれを受け取り仕訳項目としてセットします。

完成報告トランザクションの会計システムへの連携

完成報告トランザクションは、作業指示の完成報告により製品という資産が増加し、その製品に対応する仕掛品という資産が減少する会計取引です。

製品という資産の増加は、会計トランザクションでは借方取引に該当し、仕掛品という資産の減少は貸方取引に該当するので、完成報告トランザクションから下図のような会計伝票が会計システムで生成されます。

◆完成報告トランザクションを会計伝票に変更する

上図は完成報告により標準原価ベースで10,000円の製品が完成入庫した会計伝票の事例です。製品という資産が10,000円増加したので借方に計上し、実績原価9,000円の仕掛品という資産が減少したので借方に計上します。製品原価と仕掛品原価の差額は原価差異として処理します。

以下、会計トランザクションと会計伝票を構成する主要な項目と業務システムの関連する項目を説明します。

◆完成報告トランザクションに関わる会計伝票の主要項目

[ヘッダ項目]

会計伝票の項目	値	業務システムの項目
伝票番号	1000325	会計システム側でセット
伝票日付	2月16日	完成報告日付

[伝票明細の借方]

会計伝票の項目	値	業務システムの項目
勘定科目	製品	トランザクションのタイプから選定
部門	—	—
税区分	不課税	会計システム側でセット
金額	10,000	完成原価（標準原価）

[伝票明細の貸方1]

会計伝票の項目	値	業務システムの項目
勘定科目	仕掛品	トランザクションのタイプから選定
部門	—	—
税区分	不課税	会計システム側でセット
金額	9,000	完成原価（実績原価）

[伝票明細の貸方2]

会計伝票の項目	値	業務システムの項目
勘定科目	原価差異	会計システム側でセット
部門	組立作業課	製造部門
税区分	不課税	会計システム側でセット
金額	1,000	製品原価と仕掛品原価の差額

伝票番号は、会計システムの中で独自に採番します。

伝票日付は、生産管理システムの完成報告の日とします。

勘定科目は、生産管理システムのトランザクションのタイプ（この場合は完成報告）から自動的に選択します。すなわち、「トランザクションが完成報告であれば借方は製品勘定、貸方は仕掛品勘定とする」「もし製品原価と仕掛品の原価に差額がある場合、それが有利差異（実績原価のほうが製品原価より小さい場合）であれば貸方に原価差異勘定、不利差異（実績原価のほうが製品原価より大きい場合）は借方に原価差異勘定として計上する」といった定義をあらかじめルールとして保持しておき、生産管理システムから会計システムへの連携時にそのルールを適用して会計伝票を作成します。

部門は、その損益が発生した部門を業務トランザクションから受け取ってセットします。原価差異の明細には完成報告トランザクションから受け取った部門をセットします。一般的に資産・負債には部門を付さないので、製品、仕掛品の明細には部門を付していません。

税区分は、会計システム側で判断して値をセットします。本事例の場合は在庫から在庫への会社内部の振替で課税取引に該当しないので不課税となります。

金額は、製品が完成報告した作業指示に集計された標準原価ベースの完成品原価で、仕掛品が完成報告した作業指示に集計された実績原価ベースの完成品原価、原価差異は両者の差額になります。

また、生産管理システムには上記以外にもさまざまな会計取引に該当するトランザクションを持つものもありますが、それらも上記の作業報告、完成報告と同様の考え方で会計システムへ連携します。

5-6 債権管理システムとの連携

債権管理システムのデータを会計伝票に変換する

債権管理システムとは？

債権管理システムとは、売掛金、未収金などの債権の情報を把握し、入金消込を支援することで債権残高を管理するシステムです。

債権管理システムは債権計上、入金消込といった業務を管理するもので、それぞれの業務トランザクションが発生します。

本節では入金消込業務による債権の消込計上について説明します。なお、債権計上業務による会計システムへの連携については、155ページの販売管理システムとの連携の項を参照してください。

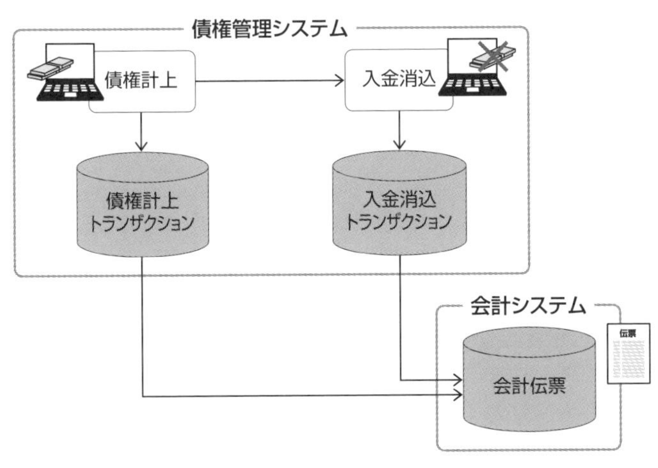

◆債権管理システムの業務トランザクション

入金消込トランザクションの会計システムへの連携

入金消込トランザクションは、入金により現預金（普通預金や当座預金、受取手形）という資産が増加し、入金消込により債権（売掛金や未収金）という資産が減少する会計取引です。

現預金や受取手形という資産の増加は借方取引に該当し、売掛金や未収金という資産の減少は貸方取引に該当するので、入金消込トランザクションから下図のような会計伝票が会計システムで生成されます。

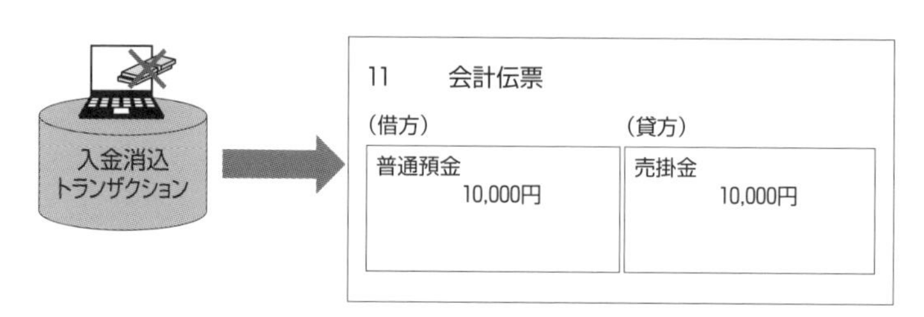

◆入金消込トランザクションを会計伝票に変更する

上図は顧客から10,000円の入金が普通預金口座にあったことを確認し、該当する10,000円の売掛金を消し込みした会計伝票の事例です。普通預金という資産が10,000円増加したので借方に計上し、売掛金という資産が10,000円減少したので貸方に計上します。

以下、会計トランザクションと会計伝票を構成する主要な項目と業務システムの関連する項目を説明します。

◆入金消込トランザクションに関わる会計伝票の主要項目

［ヘッダ項目］

会計伝票の項目	値	業務システムの項目
伝票番号	1000256	会計システム側でセット
伝票日付	2月16日	入金日

［伝票明細の借方］

会計伝票の項目	値	業務システムの項目
勘定科目	普通預金	トランザクションのタイプから選定
部門	――	――
税区分	不課税	会計システム側でセット
金額	10,000	入金金額（消し込んだ債権金額）

[伝票明細の貸方]

会計伝票の項目	値	業務システムの項目
勘定科目	売掛金	トランザクションのタイプから選定
部門	――	――
税区分	不課税	会計システム側でセット
金額	10,000	入金金額（消し込んだ債権金額）

伝票番号は、会計システムの中で独自に採番します。

伝票日付は、債権管理システムにおける入金日とします。

勘定科目は、債権管理システムのトランザクションのタイプ（この場合は入金消込）から自動的に選択します。すなわち、「トランザクションが入金消込であれば借方は普通預金勘定、貸方は売掛金勘定とする」といった定義をあらかじめルールとして保持しておき、債権管理システムから会計システムへの連携時にそのルールを適用して会計伝票を作成します。

部門は、その損益が発生した部門を業務トランザクションから受け取ってセットします。一般的に資産・負債には部門を付さないので普通預金、売掛金の明細には部門を付していません。

税区分は、会計システム側で判断して値をセットします。本事例の場合は売掛金の決済取引で課税取引に該当しないので不課税となります。

金額は、消込対象の売掛金の金額、すなわち入金額で、債権管理システムから取得した値を会計システムが受け取り仕訳項目としてセットします。

なお、債権管理システムには上記以外にも返金や割戻し、貸倒処理、受取手形計上、受取手形の現金化といった会計取引に該当するトランザクションがありますが、それらも上記の入金消込と同様の考え方で会計システムへ連携します。

5-7 債務管理システムとの連携

債務管理システムのデータを会計伝票に変換する

債務管理システムとは？

債務管理システムとは、買掛金、未払金などの債務の情報を把握し、支払業務を支援することで債務残高を管理するシステムです。

債務管理システムは、債務計上、支払承認、支払といった業務を管理するもので、それぞれの業務トランザクションが発生します。このうち、支払承認業務から発生するトランザクションは、会計取引に該当しないので会計システムに連携する必要はありません。

本節では支払業務による債務の消込計上について説明します。なお、債務計上業務による債務計上の会計システムへの連携については、161ページの購買管理システムとの連携の項を参照してください。

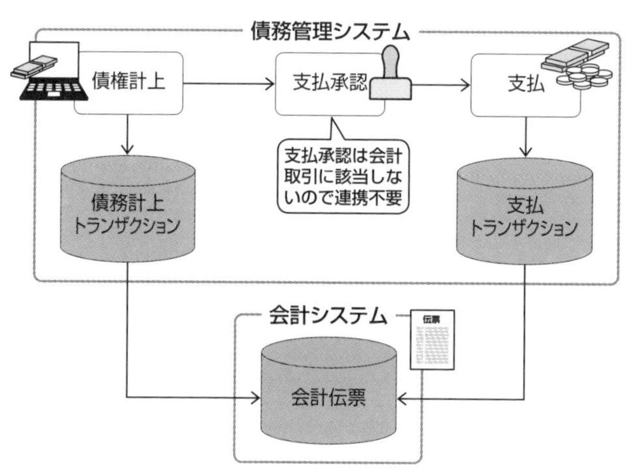

◆債務管理システムの業務トランザクション

支払トランザクションの会計システムへの連携

支払トランザクションは、支払により現預金（普通預金や当座預金）という資産が減少し、支払により債務（買掛金や未収金）という債務が減少する会計取引です。

現預金という資産の減少は貸方取引に該当し、買掛金や未収金という債務の減少は貸方取引に該当するので、支払トランザクションから下図のような会計伝票が会計システムで生成されます。

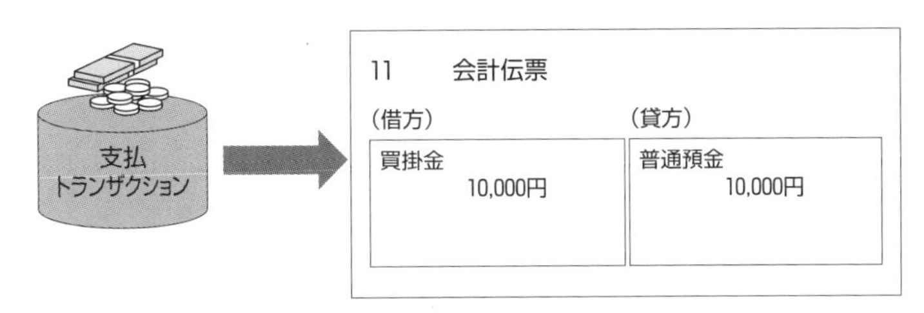

◆支払トランザクションを会計伝票に変更する

上図は10,000円の買掛金を消し込み、該当する仕入先に10,000円を普通預金口座から支払った会計伝票の事例です。普通預金という資産が10,000円減少したので貸方に計上し、買掛金という債務が10,000円減少したので借方に計上します。

以下、会計トランザクションと会計伝票を構成する主要な項目と業務システムの関連する項目を説明します。

◆支払トランザクションに関わる会計伝票の主要項目

[ヘッダ項目]

会計伝票の項目	値	業務システムの項目
伝票番号	1000256	会計システム側でセット
伝票日付	2月16日	支払日

[伝票明細の借方]

会計伝票の項目	値	業務システムの項目
勘定科目	買掛金	トランザクションのタイプから選定
部門	――	――
税区分	不課税	会計システム側でセット
金額	10,000	支払金額（消し込んだ債務金額）

[伝票明細の貸方]

会計伝票の項目	値	業務システムの項目
勘定科目	普通預金	トランザクションのタイプから選定
部門	――	――
税区分	不課税	会計システム側でセット
金額	10,000	支払金額（消し込んだ債務金額）

伝票番号は、会計システムの中で独自に採番します。

伝票日付は、債務管理システムにおける支払日とします。

勘定科目は、債務管理システムのトランザクションのタイプ（この場合は支払）から自動的に選択します。すなわち、「トランザクションが支払であれば借方は買掛金勘定、貸方は普通預金勘定とする」といった定義をあらかじめルールとして保持しておき、債務管理システムから会計システムへの連携時にそのルールを適用して会計伝票を作成します。

部門は、その損益が発生した部門を業務トランザクションから受け取ってセットします。一般的に資産・負債には部門を付さない会社が多いので本事例でも、買掛金、普通預金の明細には部門を付していません。

税区分は、会計システム側で判断して値をセットします。本事例の場合は買掛金の決済取引で課税取引に該当しないので不課税となります。

金額は消込対象の買掛金の金額、すなわち支払額で、債務管理システムから取得した値を会計システムが受け取り仕訳項目としてセットします。

また、債務管理システムには上記以外にも返金や割戻し、貸倒処理、支払手形計上、支払手形現金化といった会計取引に該当するトランザクションを持つものもありますが、それらも上記の支払と同様の考え方で会計システムへ連携します。

5-8 経費管理システムとの連携

経費管理システムのデータを会計伝票に変換する

経費管理システムとは？

経費管理システムとは、従業員の立替経費精算や一般経費の購買管理に特化したシステムです。

経費管理システムの仕様はさまざまですが、**立替経費精算**においては、申請、承認、支払といった業務があるのが通常で、それぞれの業務トランザクションが発生します。

立替経費精算は、従業員が経費精算の申請を行い、その後上長が申請の承認を行い、支払で承認された立替経費を従業員の口座に振り込んで精算することを想定しています。

このうち、申請と承認業務から発生する申請トランザクションと承認トランザクションは、会計取引に該当しないので会計システムに連携する必要はありません。

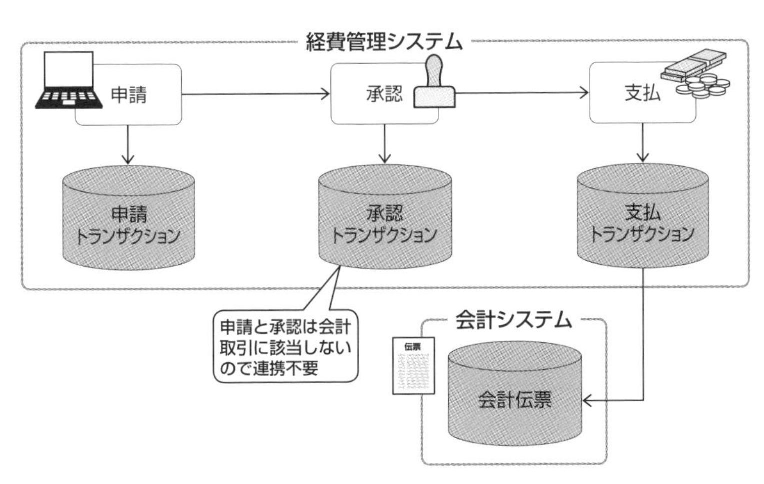

◆経費管理システムの業務トランザクション

支払トランザクションの会計システムへの連携

支払トランザクションは、支払により現預金（普通預金や当座預金）という資産が減少して経費という費用が発生する会計取引です。

現預金という資産の減少は会計トランザクションでは貸方取引に該当し、費用の発生は借方取引に該当するので、支払トランザクションからは下図のような会計伝票が会計システムで生成されます。

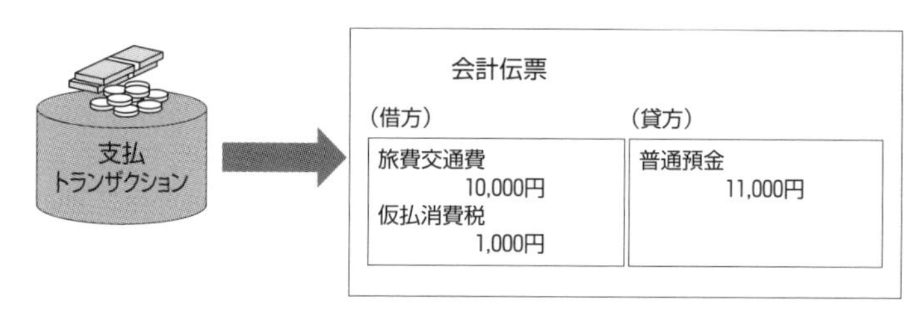

◆支払トランザクションを会計伝票に変更する

上図は従業員が立て替えた交通費10,000円を普通預金口座から従業員の口座に振り込み、精算した会計伝票です。旅費交通費という費用が10,000円発生したので借方に計上し、同時に本取引は課税取引であるので仮払消費税という資産が1,000円（税率10％）増加するので借方に計上し、普通預金という資産が11,000円減少したので貸方に計上します。

以下、この支払トランザクションと会計伝票を構成する主要な項目と業務システムの関連する項目を説明します。

◆支払トランザクションに関わる会計伝票の主要項目

[ヘッダ項目]

会計伝票の項目	値	業務システムの項目
伝票番号	1000260	会計システム側でセット
伝票日付	2月16日	支払日

[伝票明細の借方1]

会計伝票の項目	値	業務システムの項目
勘定科目	旅費交通費	経費精算システム側で指定
部門	営業2課	申請部門
税区分	課税仕入れ	経費精算システム側で指定
金額	10,000	精算金額（税抜）

[伝票明細の借方2]

会計伝票の項目	値	業務システムの項目
勘定科目	仮払消費税	会計システム側でセット
部門	――	――
税区分	課税仕入れ	会計システム側でセット
金額	1,000	会計システム側でセット

[伝票明細の貸方]

会計伝票の項目	値	業務システムの項目
勘定科目	普通預金	トランザクションのタイプから選定
部門	――	――
税区分	不課税	会計システム側でセット
金額	11,000	精算金額（税込）

伝票番号は、会計システムの中で独自に採番します。

伝票日付は、経費精算システムにおける支払日とします。

勘定科目は、経費精算システムのトランザクションのタイプ（この場合は支払）から自動的に選択します。すなわち、「トランザクションが支払であれば借方は経費勘定、貸方は普通預金勘定とする」といった定義をあらかじめルールとして保持しておき、経費精算システムから会計システムへの連携時にそのルールを適用して会計伝票を作成します。ただし、どの経費科目を使用するかは経費精算システム側で立替申請ごとに個別に指定した勘定科目を会計システムが受け取ってセットすることになります。

部門は、その損益が発生した部門を業務トランザクションから受け取ってセットします。旅費交通費の明細には経費精算トランザクションから受け取った部門をセットします。資産・負債には部門を付さないので普通預金、仮払消費税の明細には部門を付していません。

税区分は、会計システム側で判断して値をセットします。ただし、経費精算システムとの連携の場合は、該当取引が課税取引か非課税取引か、軽減税率の適応対象かといった判定を経費精算システム側で行い、会計システムは経費精算システムの支払トランザクションから値を受け取ってセットします。この場合は伝票明細の借方が課税仕入取引となるので、借方の旅費交通費の明細の税区分に課税仕入れをセットします。

金額は、経費精算システムから精算金額を連携して計上します。旅費交通費は税抜金額で計上して普通預金は税込金額で計上します。仮払消費税は会計システムで税額計算をしてセットします。

なお、経費精算システムによっては、経費精算システム自体では支払を行わず、支払トランザクションを債務管理システムの債務計上トランザクションにも連携して、債務管理システムで実際の支払書を行う場合もあります。

5-9 会計システムから他システムへの連携

会計システムの情報を他システムで活用する

会計システムの情報を他システムに連携するケース

ここまでは、周辺業務システムから会計システムへ情報を連携するケースについて説明してきましたが、ここからは会計システムから他システムに会計データを連携するケースについて説明します。

会計システムの導入において会計システムから他システムへの連携を必要とされるのは、次のようなケースがあります。

①事業部の会計システムを全社会計システムにデータ連携する
②子会社の会計システムから親会社の連結会計システムにデータ連携する
③会計システムからBI（Business Inteligence：ビジネス・インテリジェンス）システムにデータ連携する

上記①～③以外にも会計システムから他システムに連携するケースはあります。いずれの場合も会計システムから総勘定元帳データを抽出して他システムに連携することが処理の中心になります。

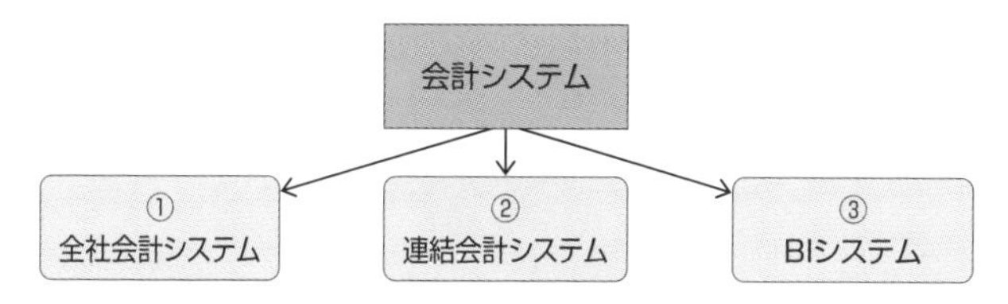

◆会計システムから他システムへのデータ連携のパターン

これより、①～③の連携パターンについて詳しく見ていきます。

会計システムから会計システムへのデータ連携とは？

事業部門で会計システムを導入し運用している場合、事業部門の会計システムから全社会計システムへデータ連携が発生します。

本来なら、前節までで説明したように事業部門の業務システムで発生した会計トランザクションデータを全社会計システムに連携すべきですが、いったん事業部門の会計システムで会計データに変換した上で、その会計データを全社会計システムに連携したほうが効率的な場合が多くあります。

会計システムへのデータ連携における検討ポイント

事業部内の会計システムから全社会計システムにデータを連携するケースでは、主に次の事項を検討する必要があります。

・連携範囲

通常は総勘定元帳のすべての会計データを連携しますが、一部の会計データだけを連携する場合もあります。たとえば、データ量が多い販売や購買、在庫関連の会計データのみを連携する場合などです。

また、原則全仕訳を連携するものの、全社で給与システムや固定資産システムなどを運用して全社的に統一した会計処理が実現されている場合は、それら人件費や固定資産に関連する会計データだけは除外して連携する例などもあります。

・勘定科目などの基本マスタ項目の変換方法

連携元の会計システムと連携先の会計システムがすべて同じ勘定科目、部門などを使用していればデータをそのまま連携できますが、お互いに独自のマスタを設定している場合にはマスタ項目を変換する仕組みを検討する必要があります。

・仕訳方式の違い

同じような会計取引であっても、会計システムに保存する仕訳方式が連携元と連携先で違う場合があります。たとえば、固定資産の減価償却累計額の処理方法が一方は直接法、他方は間接法というような場合です。

具体的には、連携元の会計システムでは、固定資産の取得価額から減価償却累計額を控除する直接法であるのに対して、連携先の会計システムでは固定資産の取得価額を資産として計上し、減価償却累計額を資産から控除する間接法によって処理している場合です。

◆減価償却の仕訳における方式の違いの例

連携元会計システム（直接法）

（借方）	減価償却費	80,000	（貸方）	機械装置	50,000

連携先会計システム（間接法）

（借方）	減価償却費	80,000	（貸方）	機械装置減価償却累計額	50,000

直接法と間接法では貸方の勘定科目が異なります。このように仕訳方式が異なっている場合には、連携元か連携先のいずれかの仕訳方式に合わせるなど、仕訳方式の違いを吸収してデータ連携する方法を検討する必要があります。

・伝票データ形式の違い（複合仕訳か単一仕訳か）

会計システムによっては複合仕訳（多対多仕訳）が可能なシステムと単一仕訳（一対一仕訳）しか認められないシステムがあります。

連携元の会計システムが単一仕訳であるのに対して連携先の会計システムが複合仕訳が可能なシステムであれば、特に変換などは必要なく、そのままの伝票データ形式で連携可能です。

それに対して、連携元の会計システムが複合仕訳であるのに対して連携先の会計システムが単一仕訳しか許可しないシステムであれば、複合仕訳の会計データを単一仕訳のデータ形式に変換して連携する必要があります。

その場合は、次ページのように諸口という仮の勘定科目を使って複合仕訳を単一仕訳に分解するような工夫が求められます。

◆複合仕訳を単一仕訳に変換する例

複合仕訳

（借方）	消耗品費	30,000	（貸方）	普通預金	33,000
	仮払消費税	3,000			

↓

単一仕訳

（借方）	消耗品費	30,000	（貸方）	諸口	30,000
（借方）	諸口	33,000	（貸方）	普通預金	33,000
（借方）	仮払消費税	3,000	（貸方）	諸口	3,000

・消費税処理の方法の違い

消費税の処理方法は会計システムによってさまざまな違いがあります。特に税区分や税率の持ち方の違いがあれば、その違いを吸収してデータ連携しないと正しい消費税申告ができなくなる場合があるので注意が必要です。

・連携タイミング

連携元会計システムから連携先会計システムにどういうタイミングで連携するかを検討する必要があります。具体的には日次連携、月次連携、リアルタイム連結などが考えられます。

会計システム同士の連携の場合は月次で連携することが多いですが、連携先会計システムの運用方法によっては日次での連携もあり得ます。

・明細データで連携するか残高データで連携するか

総勘定元帳の会計伝票明細ベースのデータで連携するか、それらを勘定科目ごとに集計した残高ベースのデータで連携するかを検討する必要があります。連携先の会計システムで連携元の会計データをどのように活用したいかによって決めることが多いのですが、単に連携データ量の制限で残高ベースでの連携とする場合もあります。

連結会計システムへのデータ連携

連結財務諸表を作成している会社（親会社）およびその会社の連結対象となっている子会社などにおいては、決算において会計システムから親会社の**連結会計システムにデータ連携する**ケースがあります。

連携の方式は連結会計システムの要求に従うことになり、さまざまな形式が考えられますが、一般的には次のような検討ポイントがあります。

- **連携範囲**

連結会計システムへは全勘定科目に関わる会計データを連携するのが一般的ですが、その連携が管理連結（法律で求められるものではなく経営管理目的で行う連結決算）を目的とする場合には、損益計算書の勘定科目に関わる会計データのみを連携対象とすることもあります。

- **勘定科目などの基本マスタ項目の変換方法**

勘定科目は、連結会計システムの中で利用している勘定科目に変換して連携します。連結会計システムの中に連結子会社の勘定科目を連結会計システムの勘定科目に変換する機能を実装しているような場合は、連結子会社の会計システムからは変換なしで連携することが可能です。

- **連携タイミング**

連携元会計システムから連結会計システムへは、連結決算を行うタイミングにデータ連携することになります。

通常は四半期決算で連結財務諸表を作成するので四半期ごとにデータ連携を行います。ただし、管理連結のように月次で連結財務諸表を作成する場合には月次でデータ連携を行うことになります。

- **明細データで連携するか残高データで連携するか**

連結会計システムについては、明細でデータを管理する必要がないので残高ベースのデータで連携します。

BIシステムへのデータ連携

会計システムだけではできないデータ分析やレポーティングを行うため、**BI（Business Inteligence）システム**と呼ばれるツールを利用する場合があります。その場合には、会計システムからBIシステムにデータ連携し、BIシステムに会計データを蓄積することによって、より高度で効率的な会計データの活用を行います。

会計システムからBIシステムへのデータ連携は、会計システム同士の連携や連結会計システムへの連携のような一般的な検討ポイントはなく、BIシステムが求める会計データを柔軟に抽出して連携することが重視されます。

したがって、会計システム同士の連携や連結会計システムへの連携と違って、連携先で何らかの会計処理が行われるわけではないので、BIシステム側で目的とするデータ分析などがしやすい形式でデータを連携することが求められます。

第6章

会計システム構築プロジェクトの進め方

6-1 システムの開発方法論

課題の状況に合わせた開発方法論を採用する

一般的に知られているシステムの開発方法論

システムの開発方法論は、体系化されたソフトウェアの作り方のことで、何らかの原理・意図・観点に基づいて、各種の方法・手順・手段を統合した体系として定義されるものです。

システム開発はおおむね、要件定義→設計→実装→テストという流れで進められます。それは、「どのような構造とするか」「どうやって効率的かつミスなくプログラムを作るのか」を考えていくことに他なりません。そのために「発想」、「視点」、「方法」、「プロセス」、「技術」、「ノウハウ」、「ルール」、「ツール」などを体系的に、整合的に組み合わせたものが、開発方法論であるといえます。

ウォーターフォール型の構築技法

システム開発の各工程を進めていくに際し、前工程が完了して承認を受けた場合にのみ次工程に進むことを**ウォーターフォール型**といいます。ウォーターフォールとは滝を意味し、滝が上流から下流へ一方的に流れ、逆流しないように手戻りを未然に防ぐ意味です。

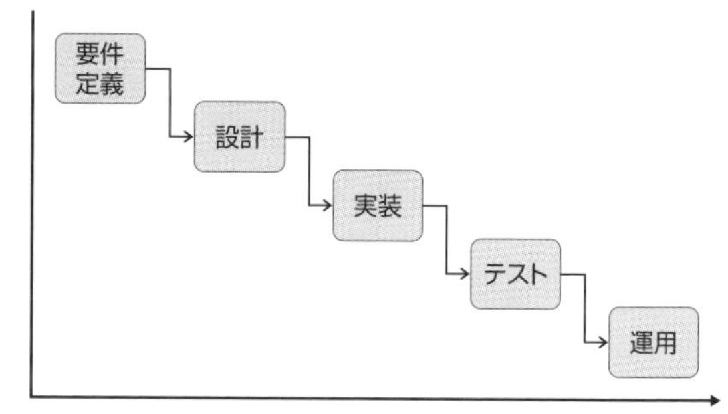

◆ウォーターフォール型のイメージ

ウォーターフォール型の特徴

ウォーターフォール型の手順では、利用部門がシステムを確認するときは後工程（例：テスト工程のときなど）になってしまいます。そのため、その時点で意図していたシステムと違うことが発覚した場合は**手戻り**が発生してしまいます。

家を建てることにたとえると、仕上げをする段階になって「コンセントの数が足りない」などと言われたら設計からやり直さなければなりません。前工程の誤りのまま次工程に進んでしまうと，修正に多くの労力と費用がかかります。したがって、ウォーターフォール型はひと昔前まではシステム開発の方法論として王道とされてきましたが、時代の変化とともに、システム開発に時間がかかる場合や経営の環境変化が著しい場合には不向きであるとの問題が指摘されています。

環境変化が激しい時代にはウォーターフォール型は適さない

現代のビジネス環境を表す言葉として「VUCA（ブーカ）」という言葉が昨今よく使われています。VUCAは、Volatility（変動性）、Uncertainty（不確実性）、Complexity（複雑性）、Ambiguity（曖昧性）の頭文字を並べたもので、変化が激しく、不確実性が高く、混沌とした世の中の様子を表しています。

こうした時代のシステム開発には、ウォーターフォール型は適さないといわれています。なぜなら、ウォーターフォール型のシステム開発は、ゴールを定め、そのゴールを達成するために計画を立て、後戻りしないように計画の実行管理を行うものですが、そもそも、そのゴールや計画を見据えるにも不確実性があるからです。また、変化が激しいので、ウォーターフォール型でシステム開発を進めていくと変更要件が多く発生し、結果的に効率的なシステム開発ができなくなるからです。

アジャイル開発が注目されてきている

2000年代以降、新たな手法として**アジャイル開発**が注目され始めています。アジャイル（Agile）とは、直訳すると「素早い」「機敏な」「頭の回転が速い」という意味で、アジャイル開発は、大きな単位でシステムを区切ることなく、小さな単位で実装とテストを繰り返して開発を進めていきます。

2001年に、軽量のソフトウェア開発を提唱していた17名の技術者やプログラマーが米国ユタ州に集まり、開発手法の重要な部分について統合することを議論し、それを12の原則としてまとめたものが「アジャイルソフトウェア開発宣言」で、これがアジャイル開発の発端です。

◆アジャイルソフトウェア開発宣言

- プロセスやツールよりも個人と対話を
- 包括的なドキュメントよりも動くソフトウェアを
- 契約交渉よりも顧客との協調を
- 計画に従うことよりも変化への対応を

出典：https://agilemanifesto.org/iso/ja/manifesto.html

アジャイル型の長所と短所

アジャイル型の長所は、**変更要件が発覚した際に戻る工数が少ないこと**です。前述のように、ウォーターフォール型の場合には、最初に決定した設計・計画を重視するため、変更要件によっては戻る工数が大きく、時間やコストが膨大に膨らむ可能性がありました。

アジャイル型の場合は、小さな単位で要件定義から設計、実装、テストを繰り返すため、変更要件の影響が少なく済みます。

一方、短所としては、計画段階で厳密な仕様を決めないため、**開発の方向性がブレやすい**点があります。工程が進む中で改善を繰り返し、テストやフィードバックで変更や追加をしていくので、当初の計画からズレてしまいがちになります。

また、ウォーターフォール型の場合は、最初に指標となる機能設計とあわせて、開発スケジュールを決めます。スケジュールを決めておくので現状の進捗度を把握することが可能になります。

これに対して、アジャイル型では計画を詳細に立案しないため、**スケジュールや進捗具合を把握することが難しくなります**。そして、小単位で開発を繰り返すため、全体を把握しきれずに、納期に間に合わないということも起こり得ます。

課題の状況を分類するクネビンフレームワーク

ウォーターフォール型がよいのか、アジャイル型がよいのか、それとも他の方法論がよいのか、これを議論していくには、課題の状況がどのようなものかを分析し、その状況に応じた方法で進めていくのが適しています。このとき、課題の状況を分類する考え方として、**クネビンフレームワーク**があります。

クネビンフレームワークとは、VUCAの時代において、実際の世界をどのように捉えて、どのように考えて行動したらいいかを体系づけたもので、デイビッド・J・スノウドンとメアリー・E・ブーンにより提言されたものです。

クネビンフレームワークは、課題の種類を因果関係、秩序だったものか、突発的であるかなどの観点から捉えて分類し、どのように解決すべきかのアプローチをまとめたもので、下表のようになります。

◆クネビンフレームワークの4象限

象限	内容
単純系	誰が見ても理解でき、既存のベストプラクティスを適用すればよいもの
困難系	専門知識が必要で、問題の分析によって計画的なプロジェクト化が可能
複雑系	問題分析だけでは理解は不可能で、反復動作を繰り返す必要があるもの
カオス系	対象を理解することすら難しく、常に確認する必要があるもの

これらの分類に当てはめると、「単純系」や「困難系」については、ウォーターフォール型やパッケージを導入するシステム開発の進め方が適していて、「複雑系」や「カオス系」については、アジャイル型が適しているとされているのが通説です。

6-2 パッケージを利用するシステム構築

会計システムは「作る」ものか「買う」ものかを判断する

「作る」か「買う」かの選択肢

システム構築の方法を、服が欲しい場合のことにたとえてみましょう。服が欲しい場合に、オーダーメイドで服を作るのか、既製品を買ってくるのか、ということです。

オーダーメイドで服を作ると、サイズも好みもぴったりと合うものが作れますが、時間とコストがかかります。一方、既製品の場合には、サイズや好みについて自分に合うことの確証がないものですが、時間とコストの優位性があります。

「作る」ということは、いわば開発することですが、会計システムの場合には、「作る」ことと「買う」ことのどちらが適しているのでしょうか。

会計システムは「作る」ものか、それとも「買う」ものか

システムで実現する機能自体が商品やサービスの差別化につながり、競争力の源泉となり、作り込みに要する費用を上回る収益が十分見込まれる場合には、システムは「作る」戦略をとるのが正しいとされています。

これに対して、競争領域でない機能をシステムで実現する場合、外部からのノウハウや協調的な取組みによって開発コストを抑え、システムによる効率化を目指す場合には、「買う」戦略をとるのが正しいとされています。

この考え方からすると、会計システムについては、その機能によって会社の差別化につながるものでなく、システムによって業務の効率化を目指すものであるため、**「買う」選択肢をとることが正しい**といえます。

パッケージは「買う」もの

年賀状作成やワープロ、表計算ソフト、画像や動画の編集、セキュリティなど、いわゆるソフトやアプリと呼ばれるものについては、家電量販店やネット通販で「買う」ことができます。

ソフトやアプリの中には、一般消費者向けの数千円、数万円のものだけでなく、会計管理や給与計算、生産管理や販売管理といった企業向けの業務システムもあります。こうした市販されているソフトやアプリは「**パッケージソフト**」(略してパッケージ)といわれ、会計分野には多くのパッケージがあります。

パッケージ導入とスクラッチ開発

開発するシステムは、**スクラッチ開発**(ゼロから、最初から、という意味で、何かを土台とせずにゼロから新たに作り上げること)とも呼ばれます。

パッケージ導入とスクラッチ開発には、下表に示すような違いがあります。会計システムの場合は、機能の特殊性が少なく、安価で早期導入ができるパッケージ導入によるほうが得策です。

◆パッケージ導入とスクラッチ開発との比較

	パッケージ導入	スクラッチ開発
向いているケース	経理業務や人事業務など どの企業にもある業務	独自の経営戦略や事業戦略
機能	豊富	要求に基づく
柔軟性	ないことが多い	高い
他システムとの連携	制約の可能性あり	開発しやすい
開発期間	早くできる	長くかかる
安定性	エラーは少ない	エラー発生の可能性大
コスト	リーズナブル	高いのが一般的
業者選び	最重要	重要
要求の取りまとめ	重要	最重要

パッケージ導入にはスクラッチ開発の方法論を採り入れない

スクラッチ開発の方法論には前節で述べたように標準化された手順が普及してきていますが、パッケージを利用するシステム構築方法論には確立されたものが少ないため、スクラッチ開発に元からあるものを転用しているのが実態です。

パッケージ導入にもかかわらず、スクラッチ開発の方法論（ウォーターフォール型やアジャイル型）を採用することは、システム構築が失敗する地獄の一丁目です。

パッケージ導入と開発するシステムとは、「作る」と「買う」というように根本的に手段が異なります。その違いがあるにもかかわらず、パッケージ導入にスクラッチ開発の構築方法を転用すると、パッケージのよさを生かせないだけでなく、思わぬ追加開発を誘発することがあるので、パッケージ導入に適した構築技法を取り入れる必要があります。

プロトタイプ型の構築技法

パッケージを導入するシステム構築では、プロトタイプ（試作）を作成し，それを検討する「**プロトタイプ型**」と呼ばれる手法があります。

◆**プロトタイプ型のイメージ**

プロトタイプ型では、入力や出力、処理内容などのシステムのイメージをあらかじめつかむことができます。そこで、新システムの必要機能を簡単に試作し、利用部門の人に検証してもらうことにより、利用部門における構築過程への参加意欲の向上と、潜在ニーズの早期確認が可能になります。

会計システムに適する構築技法

最近の会計システムは、画面からデータを入力してデータベースを更新し、画面から指示して帳票を画面表示させるようなシステムが多くなってきました。このような場合には、システム開発者が画面操作のプロトタイプを作成し、利用者がそれを試用して改善点を指摘し、開発者がさらにプロトタイプを修正して作り上げるというプロトタイプ型が効果的です。

ただし、プロトタイプ型でシステム構築を進めていくためには、短期間で納得のいくプロトタイプを作る必要があります。そのためには開発者に相当のスキルが求められます。スキル不足の場合はかえって信頼を損ねてしまう場合があるので、注意が必要です。

6-3 会計システムに適する構築技法

プロトタイプ型の開発方法を推奨する

プロトタイプの作業前に細かな要件を固めない

前節でパッケージを導入するシステムの構築は、プロトタイプ型が適していると説明しましたが、プロトタイプ型は、スクラッチ開発の方法論と比べて、どのような特徴を持っているのか、なぜ、スクラッチ開発の方法論を転用すると失敗してしまうのかについて詳しく見ていきます。

スクラッチ開発において要件定義が最重要であることはいうまでもありません。しかし、パッケージ導入の場合には、プロトタイプの作業前に、細かな要件を固めてしまうことがかえって仇（あだ）になります。要件を固める作業は時間がかかるものですが、実はこの作業にはムダなことが含まれており、さらには、ムダだけでなく失敗の要因も含んでいるからです。

前節で服のオーダーメイドと既製品のたとえを用いて、「作る」と「買う」ことの違いを説明しました。開発することはオーダーメイドですが、その場合には、布地やデザイン、ボタンなどの検討が必要となるだけでなく、寸法をとり、希望と合っているかどうかを確かめるために仮縫いを行って完成させるため、時間がかかるものです。

一方、既製品の場合には、好みとサイズが合うものがあるかを探します。この「**探す**」という作業がパッケージ導入において大事なのです。よく「業務をパッケージに合わせる」ことがパッケージ導入のポイントといわれますが、合うものがなければ利用者は困ってしまいます。そのため、「合わせる」というよりも、どちらかというと「探しに行く」（情報収集を行う）というイメージに近いです。

要求に合うものを探しに行く際、細かな条件をあらかじめ決めてしまうと、それに合うものを探すことが困難になります。むしろ、細かな条件をあえて決めないほうが、結果として要求を満たすものに出合うことができるのです。

パッケージ導入の場合も同じです。細かな要件を固める作業はムダになってしまうだけでなく、細かな要件を固めることで、かえって自社に合ったパッケージを見つけることができなくなってしまうのです。

パッケージの特徴（気づき）を採り入れる

債権の入金消込や効率的な経費精算の方法など、業務改善を行いたいと思っても自社でその解決方法を見いだすのは難しく、長年の懸案になりがちです。パッケージは、そのような多くの企業が抱える課題について何らかの解決法を提供していることがあり、その内容は利用企業からは想定し得ない、いわば気づき事項といえます。

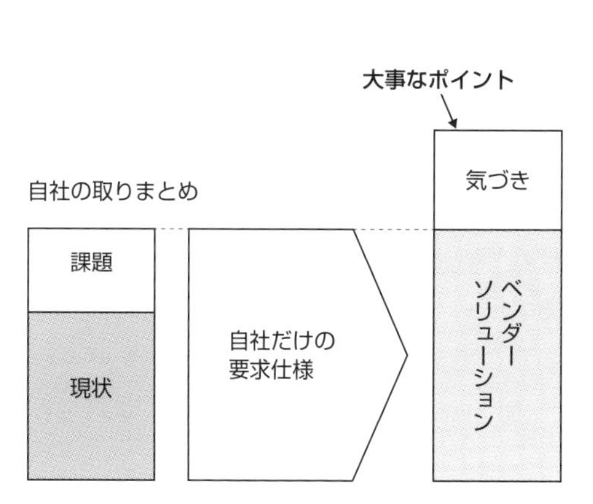

◆パッケージの特徴（気づき）の採用

パッケージ利用のシステムでは、自社でまとめた要求仕様を実現するだけでなく、ベンダーが保有するよりよい機能、すなわち他社事例やコンサルタントの知見を多く取り入れるとよいです。

この気づきは、文字通り自社だけでは想定し得ないものですが、パッケージの特徴ともいえるものです。

要件定義に時間をかけず、プロトタイプを重視する

スクラッチ開発の場合には、要件定義は大事な工程と位置づけられており、これをおろそかにするとシステム構築は失敗するとまでいわれています。そのため、要件定義をしっかりと行い、後戻りしないよう関係者と合意をとって次の工程へと進みます。

これに対して、プロトタイプ型の構築では、**製品を選定する前の要件定義に時間をかけ過ぎず、早い段階から実機を元に検証を行うこと**がポイントです。この検証作業を**フィット・ギャップ（適合性）分析**といいます。

パッケージを利用するシステム構築の場合、フィット・ギャップ（適合性）分析を要件定義の中で行います。これは、導入する企業の会計システムへのニーズと、パッケージの機能がどれだけ適合（フィット）し、どれだけ乖離（ギャップ）しているかを分析することです。スクラッチ開発の構築方法を転用する場合でもフィット・ギャップ分析を含めていることを多く見かけます。

フィット・ギャップ（適合性）分析の進め方

フィット・ギャップ分析の進め方に、パッケージのよさを生かせるかどうかが成功の分かれ道となります。

フィット・ギャップ分析では、「何か」と「何か」を突合してギャップを洗い出します。ここでいう「何か」とは、「**自社要求**」と「**パッケージ機能**」になります。

フィット・ギャップ分析で重要なことは、**何を「正」としてフィット・ギャップを行うか**にあります。仮に「自社要求」を正としてフィット・ギャップ分析を行ってしまえば、パッケージのよさを引き出すこともできず、自社要求が満たされているかということだけに目がいってしまいます。

一方、「パッケージ機能」を正として「自社要求」の適合性を検証していけば、パッケージ機能の中に、思いもよらない特徴を発見することができる場合があります。

フィット・ギャップ分析は、エクセルを利用して行うことが多いです。これまで述べてきたことは、エクセルの左列を「自社要求」とするか、それとも「パッケージ機能」とするかの違いです。

◆フィット・ギャップ分析で正とするもの

自社要求を正とする

要求項目	適合性
売上計上処理	○
請求書発行	○
手形管理	×
外貨管理	○

パッケージ機能を正とする

パッケージの機能	適合性
営業債権の自動入金消込	◎
リベート計算	△
残高確認書の発行	×
滞留債権分析	○

「自社要求」を左列とした場合には、フィット・ギャップ分析は適合性（要求が満たされるか否か）を見極めるだけです。

それに対して、「パッケージ機能」を正とした場合、自社要求に想定していない「パッケージ機能」を発見することができる場合があります。それが、パッケージを利用する際において、自社だけでは想定しにくい気づきとなっていくのです。

フィット・ギャップ分析において、エクセルの「最左列」に何を持ってくるかという些細な話に思えるかもしれませんが、実はこれが大事なことなのです。

フィット・ギャップ分析の結果として追加開発（アドオン）が起こる

主に自社要求を正とするフィット・ギャップ分析を行った場合、適合性がないと判断された要求に対しての対処法に**追加開発（アドオン）**があります。会計システムの場合には、パッケージが提供する帳票レイアウトがこれまでのものと違う、パッケージが提供する機能がこれまで行っている業務のやり方と違う、というような場合のアドオン要件が発生しがちになります。

このアドオンにどう対処していくかを次節から述べていきます。

6-4 パッケージ導入の鬼門はアドオン

アドオンをしなくて済む方法を探る

アドオンしない方針でも実際に起こってしまうアドオン

多くの会社が、パッケージ導入のシステム構築において、アドオンをしないという方針を掲げています。しかし、現実は多くのアドオンが発生している実情があるようです。

その場合には、アドオンによって導入コストが上昇するだけでなく、本番稼働時期も遅れ、メンテナンスも難しくなるなど、パッケージ導入のメリットがなくなってしまいます。さらにひどい場合には、そのシステム自体を利用しなくなってしまいます。

それでは、方針に反し、アドオンが起こってしまいそうな際には、どのように対処していくのが賢明なのでしょうか。

パッケージにない機能らしきものが発生した場合の対処法

前述のように、導入したパッケージの機能が、必要とされる条件を満たしていないことがあります。そうしたときにはいきなりアドオンをするのではなく、まずは次の順序で対処を試みた上で、それでもうまくいかないときの最後の手段としてアドオンをするようにしましょう。

①業者とのコミュニケーション

業務要件がパッケージ機能として不足していると思われたときには、まず、パッケージ提供会社と適切なコミュニケーションをとることが最重要です。

なかにはコミュニケーションをとることなく、パッケージにない機能と思い込んでしまってアドオンに走ってしまう人がいます。けれども、パッケージに機能が存在していないことが判明した場合、パッケージ提供会社にその機能を開発してもらう選択肢もあります。会計基準や税制改正への対応や、工事進行基準のように一部の業種・会社にしか必要のない機能であっても、本来はパッケージ提供会社で具備すべき機能については交渉してみるべきです。

②知恵を出す、スキルのあるコンサルタントの参画

パッケージの機能は豊富であっても、使い方がわかっていない（コンサルタントのスキルが不足している）ことによって欠如機能と錯覚することがあります。賢く使えば、時にはパッケージ業者も考えつかないような使い方もできるのです。

たとえば、連結会計システムを構築していた際、公表する成果物の金額単位が百万円であるため、1円単位の処理を簡略化し、千円単位でデータ処理を行っていました。その連結会計システムで個別会計システムとデータ連動を行う際に、個別会計システムでは1円単位でデータを管理しているため、1円と千円との単位の違いを解消するべく、アドオンによって変換することを試みようとしていました。

しかしながら、この場合にはアドオンをする必要はありません。1円というデータを外貨として取り扱い、千円に変換するために換算レートを一律0.001円とする外貨換算によって千円単位の数値を管理できるようにすることで対応可能なのです。

このような知恵を発揮することによってアドオンは回避することができるのです。

③業務のやり方を変えることを検討する

パッケージに機能として備わっていない業務のやり方が、そもそも本当に必要なものであるかを検討します。たとえば、減価償却の方法に総合償却を採用していたとします。総合償却は複数の固定資産をグループ単位でまとめ一括して減価償却計算を行う処理のことですが、これは多くの固定資産を個別に管理することが難しいシステムが整備されていない時代の簡便法として認められている方法です。この総合償却の機能を

パッケージが保有していない場合にアドオンをしてしまう判断となりがちです。

今日のようにシステムが整備されてくれば、グループでまとめなくても大量の資産を個別に管理することが可能となるため、総合償却を個別償却に変えることにより、アドオンをしない方法を検討できます。

④他ソフトとの連携

導入するパッケージだけに機能を求めるのではなく、他のソフトと連携して機能を実現することもひとつの手段です。法人税申告書のための帳票の印刷ソフトやデータ入力のためのツール、販売や購買といった他業務システムとの連携ソフトや、経費精算などに特化したシステム構築などが例として挙げられます。

⑤手作業で対応する

パッケージに機能が備わっていない業務の中身を見てみると、債権管理における前受金の取扱いのように例外的な事柄であったり、処理すべき件数が少ないものがあったりします。そのようなものまでシステム化をしなくても、手作業によって対応可能です。

ここまで述べた①〜⑤の対処をしてもうまくいかなくなってはじめてアドオンを行います。勘違いしないでいただきたいのは、アドオンは絶対に行ってはならないというわけではないことです。アドオンそのものを否定することはパッケージのバージョンアップを否定することと同じことで、技術変化や環境変化を否定することにもなりかねません。最善を尽くした上でアドオンを行うことは問題がないと考えてください。

6-5 会計システムに関わる人物とその役割

プロジェクト体制のポイントを認識する

成功の秘訣は、一に人、二に人、三に人

会計システムを構築する際には、一定期間のプロジェクトを発足するのが通例です。そして、プロジェクト成功の秘訣は、**一に人、二に人、三に人**、といっても過言ではありません。

ただし、人が大事といっても、誰がどのように関わるのか役割を明確にしておく必要があります。ここで、会計システムを構築していく場合の一般的なプロジェクト体制を紹介します。

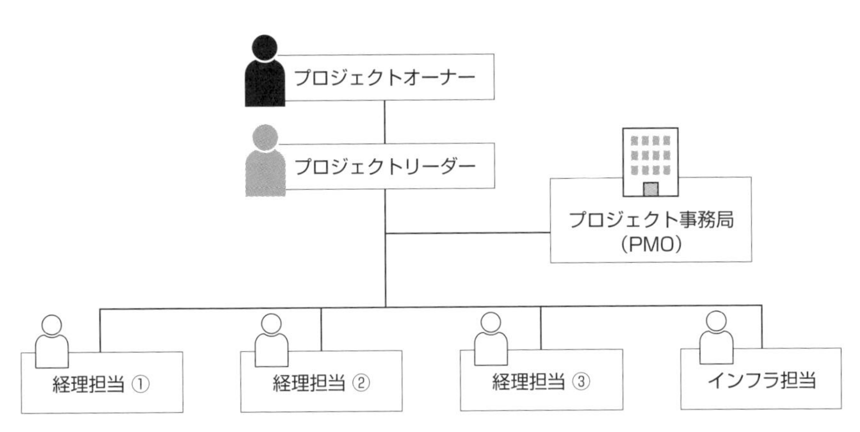

◆プロジェクト体制の例

- **プロジェクトオーナー**

  プロジェクトの最高責任者です。経理部門担当役員が就任します。

- **プロジェクトリーダー**

  経理部門の実務上の責任者、一般的には経理部長（会社によっては、

マネージャー、課長の場合も）が就任します。プロジェクトの専任というより、週次進捗や課題管理の場に出席し、諸課題を決めていける人である必要があります。

・プロジェクト事務局（PMO）

プロジェクトリーダーを補佐し、庶務的なことまですべての役割を担います。この事務局をPMO（プロジェクトマネジメントオフィス）ということもあります。この役割は会社でなく、コンサルタントが担うこともあります。

・インフラ担当（技術者）

会計システムの構築態勢は、基本的に経理部門が主体性を発揮することが求められますが、ハードウェアやネットワークといった技術的なインフラに関することの領域を守備範囲とすることは難しいものです。

インフラに関することがボトルネックになることもあり得るので、早い段階からインフラ担当を設けておくことが必要です。

決められる人の参画が必須

プロジェクトの運営上、A案、B案、C案、というような選択肢がある場合に、慎重になり過ぎて、決めるべきことを決められないと、前に進むことができません。

会計システムの構築においては、会計基準への準拠性や、監査法人や税務調査への対応など専門的なことが求められることが多くあるため、経理部門のしかるべき人がリーダーになっておかないと決められない状況に陥ります。

プロジェクトの意思決定が遅れると、その影響は計り知れません。また、決断力がない人もいます。「決めるべきことは速やかに決める」と心がけ、決断力に長けた人をリーダーにするようにしましょう。

会計システムの領域ごとの責任者

会計システムには、総勘定元帳（一般会計）、債権管理、債務管理、固定資産管理、資金管理、原価管理などの多岐にわたる領域があり、それぞれ経理部門から責任者を割り当てる必要があります。

この担当を担う人は、プロジェクトリーダー同様、会計システムの領域ごとの判断ができる人、決められる人であることが求められます。

エンジニアの会計システムへの関わり方

会計システムの構築は、エンジニアより利用部門である経理部門の担当者が中心となっていきます。しかし、経理部門の方は業務のことはわかっても、システムに関わることを敬遠しがちです。システムに関わることとは、マスタの設定や更新、販売管理や購買管理などの他システムとの連携、大量データを処理するための方法、バックアップをはじめとする運用管理です。

また、電子帳簿保存法に対応することやスマートフォンから入力ができるようにすること、他にも会計業務の電子化・デジタル化が進んできていますので、会計システムにエンジニアが果たすべき役割が増えてきています。

このようなシステムに関わることは、会計システム構築において考慮すべきことですが、利用部門の担当者だけで対処できることではありません。たとえば、スキャナー保存にはタイムスタンプ（ある時刻にその電子データが確かに存在していたこと、またその時刻以降に不正な改ざんがされていないことを証明するためのもの）を付与することが要件ですが、タイムスタンプの利用の仕方はエンジニアの方が対処する必要が生じてくるものです。

6-6 システム構築における リスク対処

プロジェクトの成功率は5割しかないことを認識する

システム構築の成功はQCDが目標通りに満たされること

一般的にシステム構築の成功というのは、**QCD**（品質、コスト、納期）の3要素が目標通りに満たされたかどうかで判断できますが、システム構築プロジェクトの成功率は5割程度だといわれています（スケジュール・コスト・満足度の3条件をすべて満たした成功プロジェクトは52.8%「ITプロジェクト実態調査 2018」（『日経コンピュータ』2018年3月1日号より））。

プロジェクトの成功率が高くない理由は、プロジェクトは定常業務と違い、これまで経験したことのないことを実行するので、成功するための計画を作ること自体が大変だからです。そして、たとえ計画を作っても、その計画通りに物事が進まないからなのです。

会計システムの導入で起こり得るリスク

会計システムの導入において、起こり得るリスクとそれへの対策例として下表のようなものが挙げられます。

◆会計システムの導入で起こり得るリスクとその対策

リスク内容	対　策
現行システムの文書がなく現状がわからない	現場部門とのヒアリングを多く設定する
業務多忙で現場部門を巻き込めない	現場部門の上層部にプロジェクトリーダーになってもらう
プロジェクトメンバーのモチベーションが上がらない	プロジェクトの重要性や活動内容を会社全体に周知する
メンバー間のコミュニケーションが悪くなる	定期的に懇親会などを行う
会計の専門性をIT担当が理解できない	IT担当が会計知識を学ぶ
テスト期間がタイトで期間内に終了できない可能性がある	テスト要員を外注する

実は、プロジェクトで一番大きなリスクは「**そういうことはないと思い込むこと**」、そして、そのリスクを「あり得ない」として、**最初から排除してしまうこと**なのです。

災害が起こると、想定外として対策をせず人災だと責任を問われる事案がありますが、「リスクを想定していなかった」ことと「想定したが起きないと判断した」こととは本質的に違うものなのです。

リスク管理の重要性を再認識する

リスク管理を中心者のKKD（勘、経験、度胸）だけに任せ、その中心者のいい加減さによってリスクが埋没することで対策を怠り、挙句には失敗してしまうことがあります。プロジェクトは、最初から最後までリスクとの戦いであることを覚悟し、些細なことでもリスクを感じたときは、とにかく取り上げる、五感を研ぎ澄ましてリスクを見つけていく感性が求められます。

リスク管理について、プロジェクト発足時にリスクを洗い出して、そのリスクへの対応を行う例は多くあります。しかし、時間が経つにつれ、プロジェクトの状況が変化していくので、当初挙げたリスクやその対応の見直しまでできているかが大切になってきます。

プロジェクトが進むと課題管理が大切になる

人でも車でも、傷を放置してしまうとそこから傷口が広がり、場合によっては大変なことになってしまいます。プロジェクトにおいても、傷、すなわち、何らかの問題（課題）があれば放置は禁物です。早い段階で問題を解決しなければなりません。

課題管理は、リスク管理の中でも、実際に発生して顕在化したものを解消していくためのものです。それには、次のプロセスが求められます。

①課題を発見する

さまざまな状況の中から、傷、つまり課題を見つけ出します。

②課題を共有する

課題は一人で解決できるものばかりではないので、関係者の間で「この事象が課題である」という共通認識を持つ必要があります。つまり、課題の「見える化」を行います。わかりやすくいうと、課題を一覧にして皆で一緒に見ることができるイメージです。

③課題を合意し、優先順位づけを行う

課題の内容と優先順位について認識を合わせます。そして、その課題はすぐに処置をしないといけないのかをまとめます。プロジェクトが進捗していくと多くの課題が発生します。課題が多くなるので、すべての課題をすぐに解決することができなくなります。

④課題解決の担当者と期限を決める

課題を解決していくための担当者と期限を決めます。皆で共有した課題一覧に、「解決策」「担当」「期限」の欄を追記していくイメージです。

⑤課題の状態を把握する

課題が完了するまで、経過と結果を記録します。期限を過ぎても完了していない課題があれば、担当者に話を伺い、なぜ解決できない状況であるかを把握します。期限を過ぎても課題が解決されないのは、それなりの理由があるはずです。担当者の怠慢と押しつけるだけでなく、その理由を解きほぐすことが必要です。

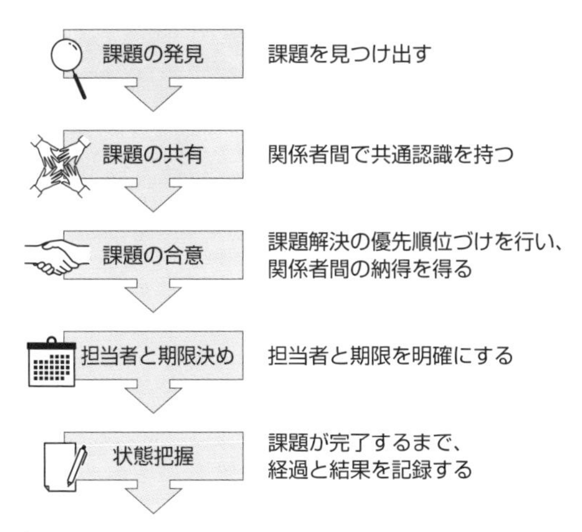

◆課題管理のプロセス

課題管理用のツールを活用する

課題管理は表計算ソフトで実施されることが多いですが、プロジェクトの規模が大きくなり、関係者や課題が増えてくれば**課題管理用のツールを活用すること**も有用です。

ツールを活用するメリットは、課題対応が期限切れになってしまわないようにするためにリマインドメールを自動発信することや、課題のステータス（発生、対応中、解決済）の管理、それらの情報を関係者と共有することが容易になることです。

会計システム構築において、特に本番稼働直前のユーザー受入れテストの局面においては、関係者が多くなり発生した課題の原因分析とタイムリーな課題解決が求められます。

6-7 業者の選定プロセスと契約上の留意点

会計システム構築における業者選定のポイントを把握する

会計システムにおける業者選定プロセス

会計システムの構築はパッケージを利用することがほとんどなので、どの製品を選ぶか、その製品の導入を指南するどの業者を選ぶのか、ということが最重要になってきます。

ここでは、会計システムの構築の業者を選ぶために**RFP**（Request For Proposal：**提案依頼書**）を利用して業者を決めるまでのプロセスを解説します。

◆会計システムにおける業者選定プロセス

システム化検討チームの発足

RFPを発行して業者を選ぶ場合、RFPを作成する人を決める必要があります。加えて、業者を決めるための作業を取りまとめる人も必要です。メンバーは、RFPを作成する主管部門および関係部門から選出してチームを編成します。

この場合のチーム編成は、調達案件の種類や規模によって異なりますが、IT部門だけでなく利用部門や購買部門など複数部門が協力して行う必要があります。

業者の情報収集（★）

システム化企画が決まれば、そのシステムを実現するためにどのような業者があるのか、業者はどのようなソリューション／製品を持っているのかなどの情報を収集します。既存の業者やシステム化検討チームのメンバーの固定観念を排して幅広く情報を収集することが大切です。

そのための手段として、「**RFI**（Request For Information：**情報提供依頼**）」を出すことがあります。RFPは提案を依頼する文書ですが、RFIにより、業者に情報提供を依頼する方法もあるのです。

◆RFIに記載する項目

①会社の状況

- 会社名（部門名、拠点名）
- システム化したい領域
- システム化の背景、目的

②把握したい情報

- 業者の基本情報（会社名、住所、資本金、従業員数など）
- システム化したい機能の充足度
- 業者が考える競合他社と比較する優位性、特徴
- 導入実績
- コストと導入期間の目安

③システム導入のゴール、スケジュール

- 本稼働目標時期
- 想定している導入スケジュール

④事務事項

- 担当者が属する部門、担当者名、連絡先
- 回答期限

要求仕様の文書化（★）

会計システムがどうあるべきかを記述する文書で、業者に対してシス

テムで実現したい内容を伝える文書を作ります。
要求仕様はRFPの根幹をなし、一般的に、「業務要求」、「技術要求」、「運用要求」などに分けて記述します。

RFPの発行準備（★）

システム構築を依頼できるような業者を3〜5社程度選び、その業者に対してRFPを発行します。どの範囲を業者に依頼するのか、予算を伝えるのか、評価基準をどうするのかなどを決めます。

RFPの発行

RFPを発行して業者に提案する方法は、個別に面談することもあれば、提案依頼の説明会を開催することもあります。提案依頼後、業者から質問が寄せられることもあるので、対応窓口などを決めておきます。

提案評価

各業者からの提案を受領した後、速やかに社内で評価を実施して業者1社を絞り込みます。提案の検討では、複数の人が担当になって評価ポイントの点数付けを行うなど、客観性を保てるようにしておくことが望まれます。

業者の内定

提案を評価した後には、業者が決まります。ただ、決まったといっても、声の大きな人の意向が反映されたのでは、何か問題があった際に「誰が決めたのか」という不満が社内に起こってしまいます。そのため、決定までの経緯を記録しておくことが望まれます。
また、正式に業者を決めることは契約を締結することに他なりませんので、業者には内定の連絡を行います。

業者との契約締結（★）

業者が内定すれば、契約書を取り交わして正式に次フェーズのプロジェクトを発足します。契約書を取り交わす前には、担当予定のプロジェクトマネージャーと面談しておくことや、「言った・言わない」の揉め事を防止するためにも取り決めは書面にしておくことが重要です。

契約の際には、フェーズ区切り、契約の形態（請負契約、委任契約）、成果物とその仕様、金額、スケジュール、納期、責任と瑕疵担保などを考慮します。物事ははじめが肝心ですから、関係者のコミュニケーションをよくすることを心がけましょう。

ここからは、詳細に説明するとしたプロセスについて述べていきます。

業者の情報収集

製品や業者に関することは幅広い情報収集を行いたいものですが、むやみやたらに声がけをしてしまうと、複数の業者からの営業に対応するだけでも一苦労です。個別にセミナーに参加したり、インターネットから情報を得られたりすればよいのですが、的確な情報を、業者から等しく入手することは簡単な業務ではありません。

効果的に業者から情報を得るやり方として、RFIによる情報収集方法があります。RFIは提案を依頼するRFPと比べて、下表の違いがあります。

◆RFPとRFIの違い

比較項目	RFP	RFI
目的	システム構築を発注するITベンダーを選定するため	RFPを作成するための情報収集やRFPを発行するITベンダーの調査
体制・規模・スケジュール	先方が提案書を作る上での前提となるので記載が必要	こちらが聞きたい情報を依頼するので、書いてもよいが記載する必要はない
システム構築の予算	記載する必要はない	予算を明示するか否かはケース・バイ・ケース
記載レベル	先方が提案書を書くことに必要な記載が必要	記載レベルの制約はなく、知りたいことを率直に書けばよい
発行対象	原則としてITベンダー	ITベンダーだけでなく、業界団体、コンサルタントでもよい
発行先の数	3社から5社程度まで	数は問わない。10社以上でもよい
評価方法	客観的かつ公正に評価するため事前に設定しておくことが望まれる	事前に設定しなくてもよい

多くの会社から提案を受けたいという思いはどんな会社にもあると思いますが、現実は多くの会社から提案を受けるだけの時間はありません。そのために、提案を依頼することと情報を収集することを分けて考え、業者を絞り込む活動と捉えます。

たとえば住宅を建てようとする際、業者は限りなくあるものですが、住宅展示場を見て回り、工法、特徴、事例、価格の目安などの情報を得ていくと、提案を依頼したい業者が絞り込めていきます。

RFIは提案を依頼するためのものではなく業者のことを知るために発行するので、こちらから多くのことを記載する必要はなく、システム化企画の概要、業者から得たい内容（会社概要、製品の特徴、実績、強み、価格の目安、その他）を記述すれば十分です。

要求仕様の文書化

会計システムを構築していく際に最も大事なことは、「**システムとして何を実現したいのか**」という要求を明確にすることです。そして、その目的が人によって違えば混乱の元になるので、要求を文書化することが必要になります。

要求を文書化する際には、次のようなことに気をつける必要があります。

・まず現行業務を整理する文書化を行う

「何を（実現）したいのか」をまとめていくためには、**「現状何ができているのか（できていないのか）」をしっかり把握すること**が必要です。

ビジネス上の課題・目的をしっかりと把握し、それを実現するための業務上の課題、システム上の課題を明らかにしていくことにより、漏れなく、かつ目的に沿った現状整理を行うことができます。

・会計業務の一覧表を作成する

次に、会計業務の目的や課題の整理を行います。この作業を漏れなく整理するためには、先に紹介した現行業務の一覧を作成することが有用です。業務が一覧化されることにより、抜け漏れが防げるだけでなく、

共通的な課題なども見つけやすくなります。

◆会計業務の一覧表の例

一般会計	ワークフローによる承認
	振替伝票
	定型仕訳、仕訳パターン登録
	外部仕訳データ取込み
	多通貨管理
	外貨の評価替え
	資産・負債の評価
	時価会計
	税効果会計
	仮締め、本締め
	決算調整

債権管理	得意先管理（与信管理含む）
	売上計上処理
	請求書発行
	入金・消込処理
	値引き・割戻し（リベート）
	残高確認・差異分析
	滞留債権管理
経費管理	旅費・経費精算
	仮払精算
	証憑管理（スキャナー保存含む）

業務一覧を作成するポイントは、**いきなり細かなシステム機能の一覧を作成しないこと**です。システム化したい業務を洗い出すことも重要なのですが、要求を整理する段階では、大きな業務から徐々に細分化していくのがよく、いきなり詳細な業務を記述しようとすると完成しないで頓挫してしまうこともあります。

・性能に関連する要件もまとめる

10人程度が利用するシステムなのか、100人以上が利用するのかによって、ハードウェアやネットワークなどのインフラ、処理能力（データ容量と処理速度）の要件が変わってきます。こうしたことを性能要件といいます。性能に関する記載内容には次ページの表のようなものがあります。

◆性能に関する記載要件

要件	項目
インフラに関する条件	•ハードウェア（サーバー、パソコン、ネットワーク機器など） •ソフトウェア（サーバーOS、ミドルウェア、クライアントOSなど） •機器構成（本番機、開発機、テスト機、バックアップ機など） •障害対策（多重化、スタンバイ、代替機など）
システム能力に関する条件	•通常操作のレスポンス（応答）タイム •バッチ処理に関する処理タイム •同時利用を行うユーザーの最大数 •データ量
セキュリティに関する条件	•セキュリティポリシー •アクセス権限 •データ漏洩対策（機密情報、個人情報など）
運用条件	•運用時間帯やバックアップのための停止時間 •サーバー再起動の頻度、障害時のデータ復旧範囲 •復旧時の許容時間 •システム監視方法 •バックアップ、リストア •ヘルプデスクの対応時間

RFPの発行準備

要求が文書化できたら、RFPを通して業者から提案をもらう作業にとりかかります。善は急げとやみくもに発行してしまうと失敗するので、準備すべきことを紹介します。

•提案受領時の評価基準をあらかじめ作っておく

提案を受領してから評価の仕方を考えるのでは、期限に間に合わないばかりか、不公平な評価（後出しジャンケン的な）になったり、社内のコンセンサスがとれなくなってしまったりする恐れがあります。

大きな評価観点は要求に対する充足度、課題解決の内容、コストなどですが、提案に関する評価基準をRFPの発行前に作っておき、社内の関係者に承認をとっておきましょう。

•RFPの発行先を再検討する

RFPが出来上がる頃には、RFPの発行先はほぼ決まっていることと思います。しかし、それは「ほぼ」であって、最終決定ではありません。候補となる会社が4、5社あったとして、その全部に出すのか、3社ぐらいまで絞るのか、社内での最終確認が必要です。

この確認を怠って「なんであそこに聞かなかったのか」と後から関係者に詰められても後の祭りです。RFPを出す直前に状況が変わっていることもあり得ます。RFPの発行先を確認する作業は時間がかかることではありませんので、確実に行いましょう。

・依頼する業者とは機密保持契約を結ぶ

RFPの中には社内の方針や今後の方向性、自社の状況といった会社の機密情報が含まれているので、提案を依頼する業者とはあらかじめ機密保持契約を結んでおきましょう。

機密保持契約では、知り得た情報の目的外利用の禁止などの条項や、期間・返還方法などを取り決めるので、自社でどの範囲が秘密情報にあたり、今回のプロジェクトではどのフェーズから機密保持契約を結ぶ必要があるかを、社内の情報管理規程などを元に、あらかじめ整理しておきましょう。

業者との契約締結

業者の選定が終了したら、業者と契約を取り交わします。ここでは契約の種類と、プロジェクトを始めるにあたってのポイントを解説します。

・契約の種類

契約の種類には、大きく分けて「**請負契約**」と「**委任契約**」の2つがあります。請負契約とは、当事者の一方（請負人）がある仕事を完成することを約束し、相手方（注文者）が、その仕事の完成結果（＝成果）に対して、報酬を支払うことを約束する契約です。

一方、委任契約とは、当事者の一方（委任者）が、相手方（受任者）に対して事務（仕事）の処理を委託し、相手方がそれを承諾することによって成立する契約です。この契約では仕事の完成が必ずしも目的となりません。

下表に請負契約と委任契約の違いを記載したので確認してください。

◆請負契約と委任契約の違い

	請負契約	委任契約
義務	委託された仕事や製品を必ず完成させること	善管注意義務を守ったサービスの履行
仕事の完成	仕事や製品が完成しない場合、対価は受け取れない	未完成であっても、サービスの提供に合った対価を受け取ることができる
瑕疵担保責任	納入した仕事や製品に瑕疵があれば、無過失でも責任を負う	善管注意義務に対する過失があった場合、責任を負う
対価	契約時に合意した金額を変更できない	出来高払いで考える。追加料金の請求が可能
委託者の稼働	受託者のみで仕事や製品を完成	業務遂行の主体は委託者であり、受託者はその遂行を支援
下請けの利用	可能	原則として不可

・契約を取り交わすための留意事項

契約を取り交わすに当たって、契約形態や契約単位以外に、どんな内容に留意すればよいのかということについて、1993年7月に通商産業省（現：経済産業省）が告示した「カスタム・ソフトウェア開発のための契約書に記載すべき主要事項」が、今でも十分に参考になると思います。

主要事項として、次の7項目が挙げられています。

- 推進体制の強化
- 仕様の確定
- 仕様の変更
- 検収
- 瑕疵担保責任
- 知的財産権
- 機密保持義務

たとえば推進体制の強化に関しては、「(1)発注者と受注者の双方が契約を履行するための主任担当者を置いて窓口を一本化すること、(2)双方が参加する協議会を定期的に開催すること、(3)双方の役割分担を、契約書に記載するべき」としています。

また、仕様の確定については「(1)仕様の作成主体、(2)仕様の検収、(3)仕様の確定手続き」を、仕様の変更については「(1)変更の申し入れ方法、(2)変更の受け入れ方法、(3)変更仕様書の作成、(4)変更された仕様の確定手続きを明記すること」を勧めています。

この他、検収基準と検収期間、瑕疵担保責任（開発品に不備があったときの責任関係、損害額の範囲、保証期間の定め）、成果物の権利の帰属、既存資料や無形情報の取扱いといった知的財産権の扱い、機密保持義務の有無についても契約書に明記しておくべきとしています。

第7章

会計システムの運用・保守

7-1 本番稼働の実際

システムの本番稼働を円滑にスタートする

会計システムの本番稼働までの主要作業

会計システムにおける本番稼働までの留意点は、多くの会計システム以外のシステムと共通します。以下では会計システムの本番稼働準備において特に留意すべき事項を中心に説明します。

会計システムは会社の重要な業務システムで、旧システムからの移行の失敗は会社業務全般に大きな影響を与えます。

特に、上場会社は決算の結果を外部に公表するので、上場会社（およびその連結子会社等）における会計システムの停止は社内のみならず会社外部の利害関係者にも影響が及びます。

本番稼働の時期

会計システムの本番稼働時期は、決算書の開示時期に合わせ、会計年度の期首（3月決算の場合には4月1日）にスタートすることが多いです。期首にスタートすることで、1年間を単位とする減価償却計算などに、不要な調整を必要としないといったメリットがあります。

その反面、期首に新システムをスタートすると、本番開始と前年度の決算業務が重なるため、人的なリソース不足が起きやすくなります。したがって、本番稼働の準備は綿密に計画し、周到に準備する必要があります。

会計システムの本番稼働はテスト環境におけるユーザー受入れテスト終了後、並行稼働を経て稼働可否の判定を行い、本番稼働可能と判断したら本番環境にマスタなどのデータを移行して稼働を開始し、前期決算数値が固まったら残高移行を行います。

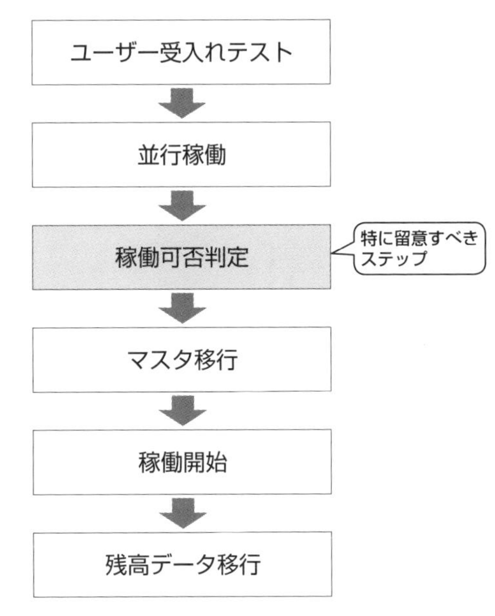

◆会計システムの本番稼働のステップ

ユーザー受入れテストにおける留意点

会計システムにおけるユーザー受入れテストは、**ユーザーの要求事項が新システムできちんと実現されているか**をユーザー自身に確認してもらうステップです。

現実には、ユーザー受入れテストの段階で新たな要求事項が発生したり、入力画面が使いづらいとか、帳票の見栄えが悪いなどの稼働直前では対応できない要望が発生したりもします。

そのような場合には、本番稼働に向けてシステムで修正すべき課題、運用で対応すべき課題、稼働後に先送りすべき課題などに切り分け、**本番稼働までに解決すべき課題について優先的に対応する**必要があります。

並行稼働を経て稼働可否判定を行う

ユーザー受入れテストでの課題をクリアしたら、続いて**並行稼働**を行います。並行稼働は、旧システムと同じ運用をテスト環境（新システムと同じ設定をした稼働環境）で実施し、その結果と旧システムにおける結果との比較によって、新会計システムそのものの信頼性や新会計システムによる運用の信頼性を確認するステップです。

ただし、旧システムによる業務と並行して並行稼働を行うのは負荷がかかるため、リスクが大きいと思われる範囲に限定して並行稼働を行うなどの工夫が必要となります。

なかでも、周辺システムから会計システムへの連携についてはトラブルが発生する可能性が高いので必ず実施すべき作業といえます。

実データを連携することによって、本番同様のテスト運用を実施でき、テスト環境では出現しなかった障害や運用上の課題などが見つかることがありますので、有用な確認作業になります。

並行稼働の期間

並行稼働の期間は、通常は**2〜3カ月**ぐらいが妥当です。1カ月では課題だけが顕在化して終了してしまい、また3カ月を超えるとユーザーに負担がかかり、既存業務、特に月次決算業務や四半期決算業務の運用に支障が出る可能性があるからです。

したがって、並行稼働を終えた時点で、稼働可否の判定を行います。そのために、あらかじめ稼働可否の判定基準を用意し、並行稼働の結果を評価し、総合的に判断を下します。

マスタ移行と本番稼働環境の準備

稼働可否判定で稼働してもよいと判断されたら**マスタ移行**を行います。会計システムのマスタは勘定科目マスタ、部門マスタ、消費税区分といったものが該当しますが、データ量はそれほど多くはありません。

並行稼働の段階でマスタの信頼性は確認されているはずですので、大半は並行稼働を行ったテスト環境のマスタを本番環境に移すだけで済むはずです。マスタ移行が完了すると、本番稼働ができる状態になります。

稼働開始時期の作業

会計システムの本番稼働は会計年度の期首に行うことが一般的のため、経理部門では、まず**旧システムによる前年度の決算業務**に注力します。

その後、前会計年度の決算数値が固まった時点で残高移行データを作成します。通常は稼働開始後、1カ月以内に行われます。

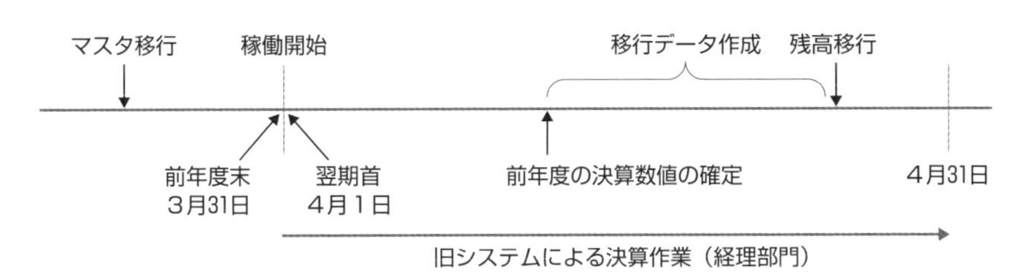

◆稼働開始前後の作業スケジュールの例

残高データの移行

会計システムの残高移行データは、基本的に総勘定元帳の貸借対照表科目に関わる前年度末の勘定科目別残高金額のデータです。したがって、残高移行データは旧システムの貸借対照表科目の決算残高データを抽出し、勘定科目などを新システムのものに変換して作成します。

残高移行の方式は会計システムにより違いますが、仕訳形式の残高移行データを作成する方式が一般的です。仕訳形式の残高移行は、前年度の期末日を伝票日付とする仕訳形式の残高データを作成して新会計システムに投入した後に、年度繰越しを行うことによって稼働初年度の開始残高とするものです。

通常、会社の決算作業は2カ月ほど続きます。そのため、残高移行をした後に前年度の決算数値が変更になる可能性があります。その場合は決算が最終確定した時点で前年度の期末日を伝票日付とする修正仕訳を作成して新システムで起票し、旧システムの前年度確定残高と一致させます。

7-2 会計システムの運用スケジュール

経理業務に合わせて運用スケジュールを策定する

経理業務と会計システムの運用スケジュール

四半期決算制度が導入されて以来、経理部門は１年中決算をしている状態といわれ、常にスケジュールに追われて業務をこなしています。したがって、会計システムでは経理部門の業務スケジュールを前提として運用スケジュールを立てる必要があります。

経理部門において基本となる業務サイクルは**月次決算**です。文字通り月単位で決算を行い、その結果である月次の決算書類を取締役会や経営会議に報告します。そのため、月次決算のスケジュールは会議の日程から逆算して組まれ、あらかじめ全社に対して周知が行われます。

月次決算は決算の対象となる月の翌月１日から始まります。まずは現場部門が前月の取引の月次処理を一斉に行います。したがって、月初は周辺業務システムからの会計データが一斉に会計システムに流れてきます。経理部門は現場部門と連絡をとりつつ、会計システムに流れてくる会計データの状況を見て、現場での月次処理の進み具合を把握します。

システムのピークはこのときです。時には周辺業務システム、システム連携、会計システムでの処理などが高負荷のため動作が遅くなったりすることがあります。

こうした状況であるので、会計システムの運用を担当している人は、毎月の月初の周辺業務システムから会計システムへのデータ連携の負荷状況を把握し、ボトルネックとなる部分を特定し、決算業務が止まらないようにシステムの整備をする必要があります。

月次決算業務の中の締め作業

周辺業務システムからの会計データの連携処理が終了した時点でいっ

たん伝票登録を締め切ります。これは、会計システム側に現場からのデータが入らないように月次決算対象月（前月）の会計伝票登録をロックするもので、**一次締め**、**営業締め**、**仮締め**などとも呼ばれます。その予定日時（「翌月第2営業日の正午」など）が全社に周知されています。

多くの会計システムで月度単位の帳簿をクローズして会計伝票登録をロックする機能を持っています。すべての伝票登録をロックするだけでなく、部門ごとやユーザーのグループ（営業担当グループ、生産担当グループなど）ごとにロックするような機能を備えています。

たとえば、一次締めで営業部門の伝票のみをロックし、その後、本社部門がさまざまな精算処理や調整処理の伝票登録を行った後、二次締めを行って本社部門の伝票をロックし、最後に経理部門が決算伝票を登録して月次決算の最終締めを行うといったような運用になります。

周辺業務システムからの会計伝票データの連携が完了して一次締めを行った後、経理部門では各周辺業務システムの残高数値・増減数値と、それに対応する総勘定元帳における月末勘定残高や月次の増減高を照合します。この照合で金額の不一致などの不備が発見されたら、不備の内容をシステムと業務の両面から調査することになります。

◆周辺業務システムと会計システムの残高照合の例

周辺業務システム		照合の対象となる会計システムの項目
システム	残　高	
債権管理システム	売掛金の未消込残高合計	売掛金勘定の科目残高
債務管理システム	買掛金の未消込残高合計	買掛金勘定の科目残高
在庫管理システム	原材料の期末評価額合計	原材料勘定の科目残高
	製品の期末評価額合計	製品勘定の科目残高
生産管理システム	仕掛の期末在高合計	仕掛品勘定の科目残高
固定資産システム	取得価額の期末合計	建物、機械装置等勘定の科目残高
	減価償却累計額合計	減価償却累計額勘定の科目残高

会計システムや周辺業務システムにおいては、このような相互の照合が可能な帳票を用意しておくことが必要になります。

経営管理資料の作成

経理部門では、決算伝票を登録して月次決算が固まった後に、取締役会や経営会議などの会議で報告する経営層向けの**経営管理資料**を作成する必要があります。この作業は、会計システムやその他の業務システム、担当者が個別に作成している管理資料などから情報をかき集め、表計算ソフトを駆使して職人技で資料を作成しているのが実情です。

期日が決まっている非常にタイトな作業であるだけでなく、間違いが許されない作業です。それ故、会計システムにおいては、経営管理資料を正確かつ迅速に作成可能となる帳票を装備しておく必要があります。

四半期決算と年度決算

上場会社は、**四半期決算**によって四半期ごとに決算書類の開示が義務付けられています。また、上場会社の子会社など連結決算の対象となっている会社では、親会社の四半期決算に対応することが求められます。それに対して**年度決算**は、中小企業を含め、すべての会社に必要な業務です。

上場会社では決算が終わると決算発表を行う必要があり、その資料（**決算短信**）を作成する必要があります。決算発表のスケジュールは証券取引場を通じて外部に公表されています。そのため、会計システムの障害から決算発表が遅れることのないように注意する必要があります。

特に年度決算時には、税務申告書や株主総会用の各種資料、有価証券報告書など、作成すべき書類が多岐にわたるため、二重の意味で会計システムの運用に留意が必要となります。

株主総会が終了して決算数値が確定すると、前年度の会計年度の締め処理を行います。具体的には、総勘定元帳において貸借対照表の残高を翌年度に繰り越し、その年度の帳簿については変更できない状態にします。これで１会計年度における経理業務・会計システム運用のサイクルが終了となります。

7-3 会計システムのサービスデスク

ユーザーからの問い合わせへの対応や課題発生の対処を行う

システムの運用には問い合わせがつきもの

システムが本番稼働を迎えればそれで終わりということでなく、ユーザーからの問い合わせは途切れることはなく、それに対応することが求められます。その問い合わせ業務には、次のようなことがあります。

①障害対応

システムの運用を行っていくと何らかの障害も発生します。たとえば、夜間バッチが終了しないことや、処理のパフォーマンスが悪い、入出力ができない、などです。そうした問題が発生すれば、原因を追究し、再発防止に努めることが必要です。

②質問対応

会計システムの利用者からシステムの使い方がわからない、マスタの登録・変更を行いたい、帳票の出力ができない、というようなユーザーからの疑問や質問に対応するものです。

さらには、こんな機能が欲しい、この処理は使い勝手が悪い、などという将来の機能拡張の要望も受け付けます。

③申請管理

ユーザーの入退社に関わるユーザーID管理や、組織変更に伴うアクセス権限の変更などの申請に対応する業務があります。

問い合わせを一元化するサービスデスク

システムを運用していくためのノウハウを体系化したものに**ITIL**

（Information Technology Infrastructure Library）があります。これは、英国政府がITのサービスマネジメントの成功事例（ベストプラクティス）を体系化したものです。

ITILはシステムの運用を行っていく上での教科書的なガイドラインとして普及しています。そのITILでは、ユーザーからの問い合わせを一元化（SPOC：Single Point Of Contact）することを推奨し、**サービスデスク**と称しています。なぜ一元化するかといえば、ユーザーの立場からすれば、障害や質問という内容を、どこに問い合わせればよいのかがわからず、いわば「たらいまわし」になる可能性があるためです。

そして、一時的に受けた問い合わせにつき、内容に応じて専門的な対応が必要になればエスカレーションを行い、問題管理や変更管理といった二次対応に適した部署に対応を依頼することになります。

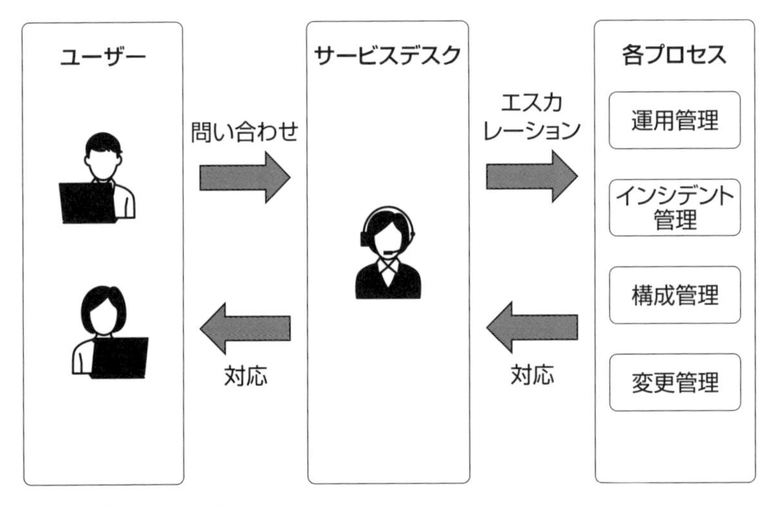

◆サービスデスクによる対応

サービスデスクで大切なことはインシデント管理

会計システムにおけるサービスデスクで大事なプロセスは**インシデント管理**です。インシデント管理とは、システム運用で発生した事故やトラブルなどへの対策を講じ、解決されるまでの間を管理することです。インシデント管理は、事故やトラブルによって中断されたサービスを速やかに復旧し、サービスの品質を維持することを目的とするものです。

会計システムでは、次のようなインシデントが起こり得ます。

- 止まってはならないシステムなのに止まってしまう
- ログイン時にエラーが表示される、ログインできない
- 登録されているマスタが最新の状態でない
- 決算時にアクセスが集中して動作が不安定になる
- ユーザーのアクセス権限が規程通りでない

インシデント管理におけるプロセス

インシデント管理は、システムをインシデントから復帰させ、ユーザーが問題なく利用できるようにする運用プロセスです。インシデント管理は、原因となるインシデントによって、次のように分けられます。

・障害回復要求

例：データが閲覧できない、ログインの際にエラーが表示される

・サービス要求

例：システム利用に必要な情報がわからない、登録している情報を変更したい、パスワードを再発行したい

インシデント管理で求められることは、次のプロセスです。

①問題発生を認識して記録する
②問題の状況を適切に把握する
③問題の原因を分析する
④解決策を立案する

⑤解決策を実施
⑥再発防止策を策定する

単純に解決できないインシデントは、何らかの重要な課題である可能性があるので、必要に応じてエスカレーションを行い、専門家に調査・判断を依頼します。そして、場合によってはシステムの改修を必要とする事態にまで発展する可能性もあります。

どのようなシステムであっても改修を要しない完璧なものはありません。まして、会計システムの場合は、会計基準や税制変更、会社の組織変更といった環境変化に対応する必要があるものです。インシデント管理とあわせて、システム改修要望への対応プロセスも確立しておく必要があります。

7-4 ビジネスプロセスの変更対応

ビジネスプロセスの変更に会計システムが対応する

ビジネスプロセスと会計システムの関係

ビジネスプロセスにはさまざまな定義がありますが、ここではビジネスを実行するための組織や業務手順の組み合わせとします。

たとえば製造業であれば、顧客が求める製品を届けるために営業部門や製造部門という組織があり、そのうちの製造部門の工場には顧客に見積りを提出して受注を受け、工場に製造の指示を出し、製品を製造して完成したら完成処理をして仕掛品を製品に振り替え、その完成した製品を出荷して売上を計上するという一連のプロセスがあります。

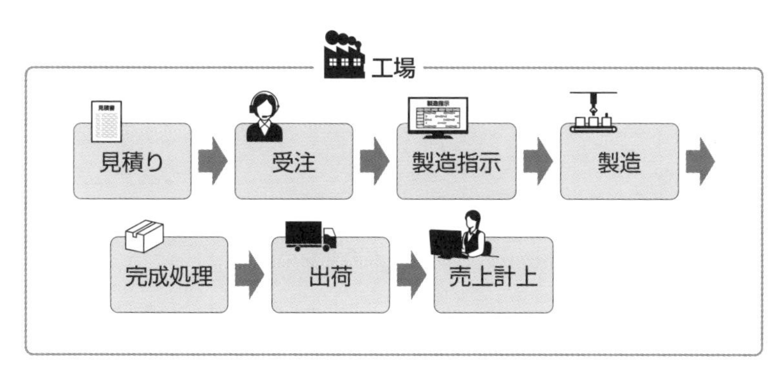

◆製造業のビジネスプロセスの例

会計システムは、これらビジネスプロセスの中で発生する会計取引を会計伝票の形に変換し、総勘定元帳に反映するという基本的な機能を有しています。上図の例では、製造、完成処理、出荷、売上計上の各プロセスで会計取引が発生します。

そのため、会計システムにおけるマスタやシステム設定は、会社のビジネスプロセスを前提として組み立てられており、それに変更が発生すると、それに対応するために会計システムにもいろいろな変更が発生する場合があります。

したがって、ビジネスプロセスの変更にどう対応するかという課題を常に抱えながら会計システムの運用を進めていくことになります。

会計システムに影響を与えるビジネスプロセスの変更

ビジネスプロセス自体は、会社全体の全社戦略や個々の事業部門の事業戦略に基づいて設計されているので、それらが変更になるとビジネスプロセスも変更されます。

具体的には、新規事業によって新たに会社が設立されて新しい業務が発生するという全社戦略の変更や、見積りから受注までの手順が大きく変更になるという販売戦略の変更といったケースがあります。

◆戦略の変更とビジネスプロセス、システムの変更の関係

このようなビジネスプロセスの変更が会計システムに与える影響を区分すると、次のようなことがあります。

①M&A（会社の買収・合併）などによる会計の基本的な単位である会社の新設・廃止につながる変更
②勘定科目などのマスタの変更につながる変更
③周辺業務システムとの連携に影響を与える変更

それぞれについて、具体的に見ていきます。

①会社の新設・廃止につながるビジネスプロセスの変更

会計システムでの会計処理の基本単位は「会社」です。グループ会社が１つの会計システムを利用するような場合には、下図のように会計システムの中に複数の「会社」を設定し、それを基本単位にして設定やマスタを保持して会計処理を実行します。

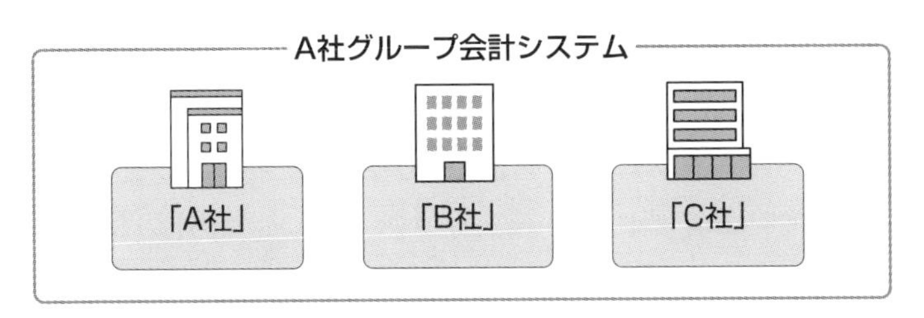

◆会計システムの中の「会社」

子会社を新設したり、廃止や統合のケースが発生したりすると、会計システムにおいては「会社」を新規に作成するか、もしくは「会社」を削除するといった処理が必要になります。いくつかの例で説明します。

例１：製造子会社の新設

［設例］Ａ社グループのサプライチェーンの再構築のために海外に製造子会社Ｄ社を設立した。

この場合、会計システムにおいて「Ｄ社」という「会社」を新規作成します。通常は業種・業態がよく似た「会社」をコピーして「Ｄ社」という「会社」を作成します。

その上で各種設定などをコピー元の「会社」から引き継ぎ、必要な設定やマスタなどを追加して「Ｄ社」の設定を完了させて稼働開始の準備をします。

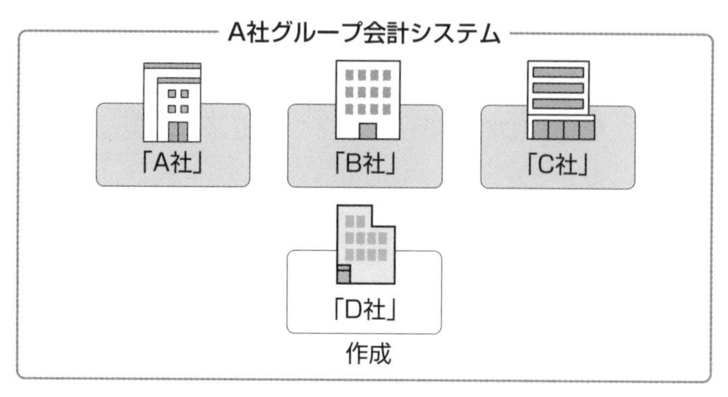

◆「D社」という「会社」を作成する

例2：合併1

［設例］販売戦略の変更により親会社A社が販売子会社のB社を吸収合併した。

この場合、会計システムにおいては「B社」を削除します。その上で、合併日前日の「B社」の総勘定元帳における勘定科目別の残高データを「A社」の総勘定元帳に移行します。

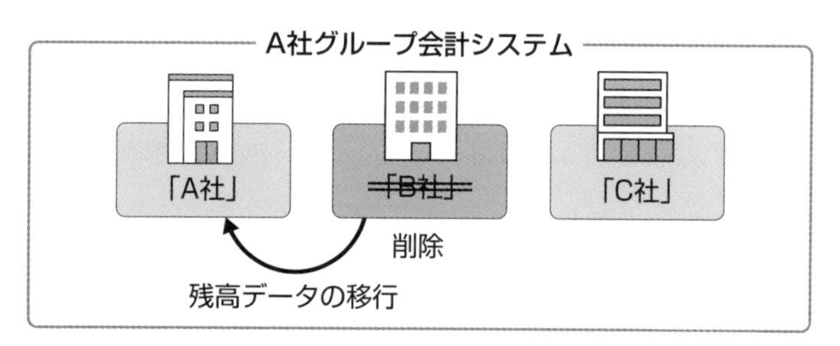

◆A社が販売子会社Bを吸収合併

なお、合併などによる法律的な観点からの会社の設立・廃止と会計システムにおける「会社」の作成・削除は必ずしも同じではありません。

例3：合併2

［設例］業務コストの削減を目的として持ち株会社であるA社が製造子会社のC社を吸収合併した。法律的には存続会社はA社だが、経済的には合併後の新A社の業務・人員・資産に占める旧C社の割合が圧倒的に大きい。

この場合、会計システムにおいては「A社」を削除し、「C社」の名称を「A社」とします。その上で、合併日前日の「A社」の総勘定元帳における勘定科目別の残高データを新「A社」の総勘定元帳に移行します。

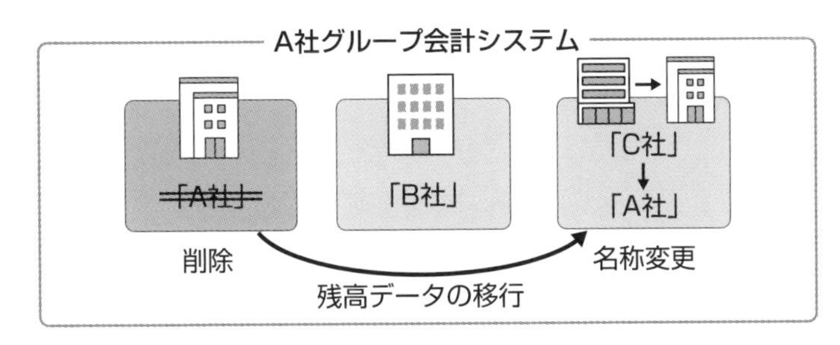

◆A社が販売子会社Bを吸収合併

②勘定科目などのマスタの変更につながるビジネスプロセスの変更

「会社」を変更するまでの変更ではないが、ビジネスプロセスの変更が勘定科目などのマスタ変更を必要とするケースがあります。いくつかの例で説明します。

例1：事業譲渡の例

［設例］販売戦略の見直しにより、販売子会社のB社の高級品事業部門をA社に譲渡してA社で高級品事業を継続することになった。

この場合、「会社」に変動はなく、「A社」の部門設定に高級品事業部を追加し、高級品事業に関わる勘定科目などを追加設定した上で、事業譲渡前日の「B社」の総勘定元帳における高級品事業部の勘定科目別の残高データを「A社」の総勘定元帳に移行します。

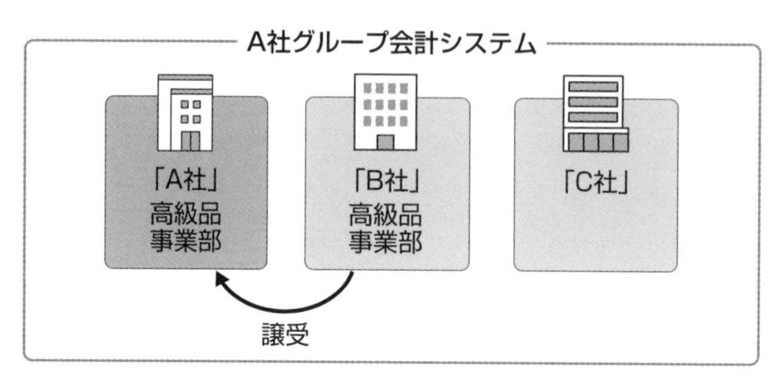

◆A社がB社の事業を譲受

例2：海外市場への進出1

［設例］これまで国内向けの販売のみだったB社が販売戦略の見直しによって新規に米国市場へ進出することになり、現地の販売代理店へのドル建での輸出を開始することになった。

この場合、会計システムにおいて、米国ドルを通貨設定に新設し、税区分に輸出免税を追加し、輸出売上という勘定科目を追加するなど、新しく開始する輸出業務のためのマスタ設定を行います。

これら、ビジネスプロセスの変更によるマスタの変更は、「会社」の新規作成・削除ほどのリスクはないものの、慎重に計画して行わないと会計業務に支障が出る可能性がありますので、運用を開始する前に十分にテストをする必要があります。

③周辺業務システムとの連携に影響を与えるビジネスプロセスの変更

ビジネスプロセスの変更により業務システムに変更が加わることは多々あり、結果として業務システムと連携している会計システムにおいてマスタなどの変更が必要となるケースは非常に多く存在します。

それと同時に、周辺業務システムから会計システムへの連携に関して変更が入る場合は特に注意が必要になります。例を見てみます。

例：海外市場への進出 2

［設例］これまで国内向けの販売のみだったＢ社が販売戦略の見直しによって新規に米国市場へ進出することになり、現地の販売代理店へのドル建での輸出を開始することになった。それに伴い、これまで販売システムから連携されてきた売上取引のデータが輸出売上のみ輸出管理システムからの連携となった。

この場合、会計システムにおける変更は、新しいデータ連携の設計や開発を行うことになります。ビジネスプロセスの変更を会計システムに反映させる要点は、予想される組織、業務、取引、周辺システムなどの変更が、会計システムのどの部分にインパクトを与えるかを早期に見積もり、できるだけ早く対応することにあります。

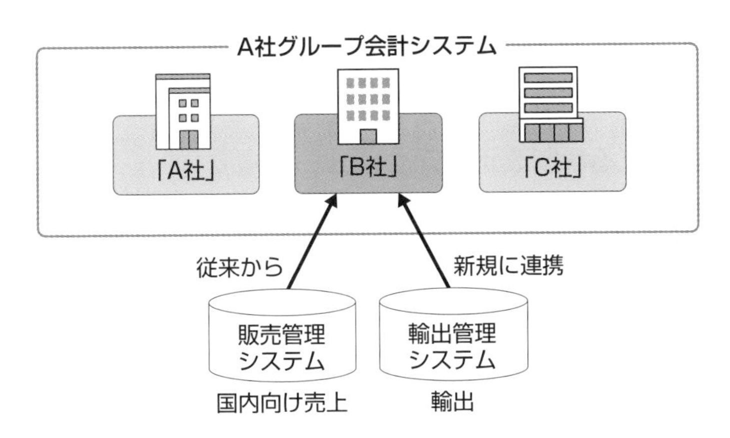

◆Ｂ社が販売戦略の見直しにより輸出を開始

7-5 新たな会計基準の適用および税制改正

会計・税務のルール変更を会計システムで対応する

新たな会計基準の適用、改正の背景

昨今、日本において新たな会計基準の導入や改正が相次いでいます。その背景として、EUがEU域内にある上場企業の連結財務諸表に**国際財務報告基準**（**IFRS**：International Financial Reporting Standards）の適用を義務付けたことがあります。

その一方で、日本では、自国の基準を存続させながら、日本の基準とIFRSとの差異を縮小させることで、IFRSと同様な会計基準を採用しているものとする「**コンバージェンス**」というアプローチにより、日本基準の再整備が企業会計基準委員会（ASBJ：Accounting Standards Board of Japan）の主導で進められています（会計基準は、ASBJのホームページ（https://www.asb.or.jp/jp/）を参照）。

毎年行われる税制改正のスケジュール概要

日本の税制の改正は毎年行われています。1年のスケジュール概要は、夏に各省庁が翌年の税制に関して財務省へ要望（税制改正要望）を提出し、これを受けて税制調査会で審議が行われ、12月中旬頃に与党から「税制改正大綱（原案）」が発表されます。

この大綱を受けて、財務省が国税の改正法案を作成し、地方税については総務省が改正法案を作成します。こうして作成された「税制改正法案」が2月頃に国会に提出され、その後、審議を経て3月末までに成立・公布され、通常、4月1日から改正法案が施行されます。

税制改正の流れは上述の通りですが、注目すべきは12月の**税制改正大綱**です。大綱をタイムリーに確認することにより、システムへの影響の有無を適時に検討し対応が必要な場合の時間を確保します。

システム対応の観点から会計基準・税制改正時に留意すべき点

会計基準の新たな適用や税法改正があった場合に留意すべき点は、**基準などの変更の内容を正しく把握すること**です。

たとえば、会社が採用する会計基準を日本基準からIFRSに変更することを決定した場合に、「収益の認識基準が変更となるため、現行のシステムでは対応できず、必ずシステムを刷新しなければならない」というような噂が入ってきたとします。この場合、噂を聞いても慌てず、基準の変更によって「何が」「どう」変わるのかを本質的に理解し、冷静に対応することです。基準変更へのシステム対応は、次のSTEPで検討します。

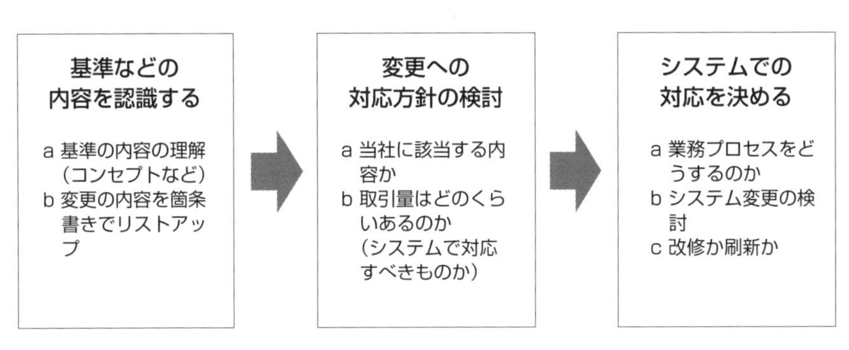

◆基準変更へのシステム対応

7-6 内部統制の整備と評価

内部統制の整備と運用はすべての会社で必要となる

財務報告にかかる内部統制

内部統制という言葉をよく耳にするかと思います。身近なところでは、経費精算の際に領収書を添付し上司から承認をもらうのも内部統制のひとつです。これにより、経費の架空請求や私用での支出を会社負担とすることを牽制し、不正な支出を防止、発見する仕組みを作ります。

金融庁の企業会計審議会は、『財務報告に係る内部統制の評価及び監査の基準』（平成19年２月）を公表しています。そこでは内部統制を「業務の有効性及び効率性、財務報告の信頼性、事業活動に関わる法令等の遵守並びに資産の保全の４つの目的が達成されているとの合理的な保証を得るために、業務に組み込まれ、組織内のすべての者によって遂行されるプロセスをいい、統制環境、リスクの評価と対応、統制活動、情報と伝達、モニタリング（監視活動）及びIT（情報技術）への対応の１から構成される」と定義しています。

内部統制の主な目的

内部統制は、次の４つの目的を達成するために構築されます。

①業務の有効性および効率性
②財務報告の信頼性
③事業活動に関わる法令などの遵守
④資産の保全

これらの目的を達成するためには、内部統制の基本的要素が組み込まれたプロセスを整備し、それを適切に運用していく必要があります。

内部統制の構成要素

内部統制の構成要素は、『財務報告に係る内部統制の評価及び監査の基準』に準拠した場合、次の６つが挙げられます。

①統制環境
②リスクの評価と対応
③統制活動
④情報と伝達
⑤モニタリング（監視活動）
⑥IT（情報技術）への対応

それぞれについて詳しく見ていきます。

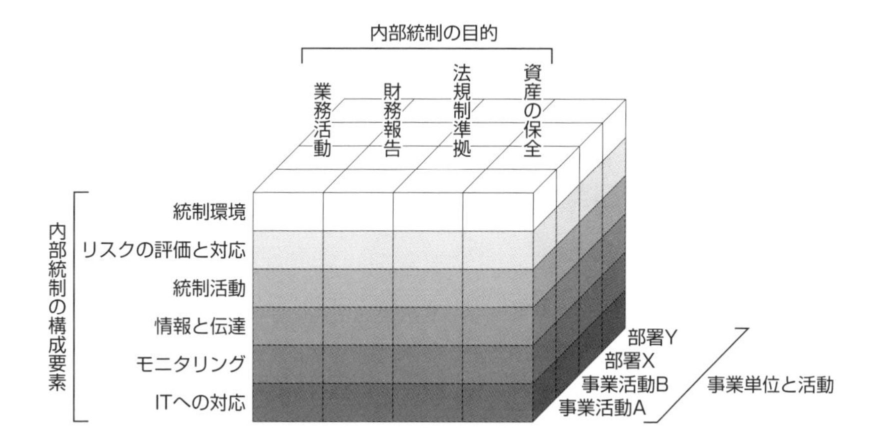

◆内部統制の6つの構成要素

内部統制の構成要素の内容

①の統制環境は、組織の気風を決定し、組織内のすべての者の統制に対する意識に影響を与えるものです。具体例としては、誠実性・倫理観、

経営者の意向・姿勢、取締役会・監査役会などが有する機能、組織構造・慣行、権限・職責などが挙げられます。統制環境は、他の基本的要素の基礎をなしている構成要素といえます。

②のリスクの評価と対応は、リスクを識別、分析、評価し、適切な対応を行うまでのプロセスです。具体例としては、リスク管理規程、リスク管理委員会などのリスク評価の仕組みが挙げられます。

③の統制活動は、経営者の命令・指示が適切に実行されるための方針・手続きです。具体例としては、職務規程、業務手順書・マニュアルなどが挙げられます。一般的に内部統制といった場合、統制活動を思い浮かべる方が多いように思います。

④の情報と伝達は、必要な情報が適切に識別・処理され、組織内外の関係者に正しく伝えられることです。具体例としては、社内会議体、内部通報制度などの情報伝達の仕組みが挙げられます。

⑤のモニタリングは、内部統制が有効に機能していることを継続して評価する仕組みです。具体的には、内部監査などが挙げられます。

⑥のITへの対応は、組織内外のITに対し適切に対応することを意味します。具体例としては、IT戦略、IT計画などが挙げられます。

内部統制への対応は義務化されている

「内部統制」は一般に会社のリスク管理システムを示すものですが、その内容は自主的なものではなく、法令上も「株式会社の業務の適正を確保するための必要な体制」（会社法362条４項６号など）、「当該会社の属する企業集団及び当該会社に係る財務計算に関する書類その他の情報の適正性を確保するために必要な体制」（金融商品取引法24条の４の４第１項）と規定されている会社にとって義務とされているものです。

内部統制の整備は、ある面では、コーポレート・ガバナンスの一環と位置づけられ、他方では、会社に不祥事などが生じた場合の役員の責任に関わるもの、すなわち、**コンプライアンス・リスク**に関わるものと位置づけられます。

内部統制の整備と運用の効果

内部統制は、企業価値を高めるために企業が設定した目標に対し、経営活動に携わる企業構成員（企業内で働く人々）の行動を方向づけ、推進する仕組みといえます。

これは財務活動報告を適正に行うためだけのものではなく、採算性を勘案した事業への投資および撤退判断、資産の保全、企業構成員の横領や不法行為の防止、企業内部・外部からの情報の適時収集および開示などといった企業目的を達成するための業務方針の決定、業務プロセスと手続き、個々の活動といった要素で構成され、そこに効率的に実行するためのツールと人員を組み合わせて構築するシステムといえるものです。

内部統制の限界

内部統制には、次のような限界があります。

①内部統制は、判断の誤り、不注意、複数の担当者による共謀によって有効に機能しなくなる
②内部統制は、当初想定していなかった組織内外の環境の変化や非定型的な取引などには、必ずしも対応しない場合がある
③経営者が内部統制を無視ないし無効にすることがある

こうした限界があることから、内部統制を整備しても不正を防ぐための絶対的なものではないことを認識し、過度な対応にならないようにする必要があります。

なお、会計システムにおいて、具体的にどのような対応が必要になるかについては、次節で説明します。

7-7 会計監査への対応

会計監査でITリスクが評価される

3つに分けられる監査

企業における監査の実施主体は、**監査役監査**、**会計監査人監査**、**内部監査人による内部監査**の３つに分けられ、これを**三様監査**といいます。同じ監査ではありますが、それぞれが求められている役割が異なります。

監査役は、取締役の執行を監視する機能を持っています。会社法における大会社（資本金の額が５億円以上または負債の総額が200億円以上の株式会社）では、原則、監査役の設置が義務付けられています。これが監査役監査です。

会計監査人監査では、公認会計士が独立した第三者として、企業などの財務情報について監査を行います。利害関係者に対して、財務情報の適正性を保証する役割を果たすのが、その目的です。会計監査人監査は、会社法、金融商品取引法などの法令によって義務付けられています。このような法令などにより義務付けられている監査のことを**法定監査**といいます。

内部監査は、経営者の指示の下、内部統制などを監査する内部監査部門です。内部監査部門は、会社が任意に設置する部門で義務付けられているものではありません（したがって設置していない会社もあります）。現実には、上場会社がガバナンス強化の観点から設置していることが多いです。

法令などで義務付けられている監査（法定監査）

法令などにより義務付けられている法定監査は次の通りです。

①金融商品取引法に基づく監査

主に上場会社が作成する有価証券報告書などに含まれる財務諸表に対する監査です。財務諸表には、公認会計士または監査法人の監査証明を受けなければならないものとされています。

②会社法に基づく監査

会社法上の大会社は、会計監査人を置くことが義務付けられています。会計監査人を実施することができるのも、公認会計士または監査法人に限定されます。

現代において、会社が財務諸表を作成する際には大半の場合、会計システムを利用することから、会計監査にあって、会計システムがどのように運用されているかを確認し、財務情報が適正に作成されないリスクを把握することは、極めて重要といえます。

上場企業に義務付けられる内部統制報告制度

上場会社では、会計監査だけでなく、財務報告に係る内部統制の経営者による評価と会計監査人による内部統制監査（通称：**J-SOX監査**）が義務付けられています。

J-SOX監査は、基本的には財務報告の信頼性が満たされているかを確認するものですが、財務諸表はシステムによって作成されるため、システムによる統制が有効に機能しているかの確認も求められます。

内部統制の中でもシステムに関わる統制のことを**IT統制**といいます。

知っておくべきIT統制の種類と内容

IT統制は、次の3つに分類されます。

① IT全社統制（ITCLC）

全社的な内部統制とは、前述の通り企業全体に広く影響を及ぼし、企業全体を対象とする内部統制をいいます。IT全社統制はこのうち、ITに関連する全社的な内部統制で、IT全般統制において実施される統制活動に対して影響を及ぼします。実務上は、全社統制の質問書の一部として評価を実施することが多いです。

② IT全般統制（ITGC）

IT全般統制は、IT業務処理統制が有効に機能するための環境を保証するための統制活動です。業務プロセスにおいて財務報告の信頼性を直接的に担保するIT業務処理統制の信頼性を支援するための基盤といえ、財務報告の信頼性に対しては間接的な統制です。

IT全般統制の評価は、IT全般統制のチェックリストにより評価テストを実施することが多いです。

③ IT業務処理統制（ITAC）

IT業務処理統制は、業務を管理するシステムにおいて、承認された業務がすべて正確に処理、記録されることを保証するために業務プロセスに組み込まれたITに係る内部統制です。

業務から切り離して純粋にITのみを評価することはせず、業務の流れの中で、財務報告の虚偽記載リスクを十分に低減しているかという観点から評価します。

◆IT統制の3つの種類

IT統制の領域	統制概要	主たる担当
IT全社統制（ITCLC）	・連結子会社を含む企業グループ全体の適切なIT利用（IT戦略） ・管理のための全社的方針や体制	経営レベル
IT全般統制（ITGC）	・業務処理統制が有効に機能する環境を保証するための統制活動 ・システムそのものが健全に機能するかどうかを監査するのでなく、適切に機能するための管理・体制のあり方という観点での統制	システム部門
IT業務処理統制（ITAC）	・承認された業務をすべて正確に処理・記録するために業務プロセスに組み込んだ統制 ・システムを利用した処理が正確に、安全に行われているかを確認するもの	各業務部門

第 8 章

会計システムに関連する技術トレンド

8-1 会計システムにおける新技術の活用

日進月歩の技術が会計システムの変化をもたらしている

会計システムに適用される新技術

働き方改革などによる労働時間の短縮化や、労働人口の減少による人手不足の深刻さは、いまやどの企業でも大きな課題となっています。

会計業務においては、入力や出力において多くの定型業務が存在し、この定型業務をいかに効率化するかが求められており、IT企業もこの課題を解決するソリューションを開発しています。そうした中、コンピュータの処理速度の向上や新たな技術進展により、新しいITソリューションが生まれています。

会計業務を「取引情報を記録して財務諸表を作成する業務」とした場合、新しいITソリューションは、次の3つの局面で登場します。

①記録（入力）：請求書・見積書などに基づく取引情報の記録
②仕訳：取引内容に基づく仕訳の作成
③出力：財務諸表・各種レポートの作成

		① 記録（入力） （請求書・見積書などに基づく取引情報の記録）	② 仕訳 （取引内容に基づく仕訳の作成）	③ 出力 （財務諸表・各種レポートの作成）
RPA	定型的な手作業をソフトウェア型のロボットが代行・自動化する概念	○	—	—
AI	未知の内容に対して、学習・推測・応用して処理を進める	○	○	—
オープンAPI	社内プログラムと社外のプログラムを接続するための技術仕様を公開する	○	—	○

◆新技術と会計業務との関係

新技術を適用する会計業務の変革

次のような会計業務で新技術が採用されています。

①請求書の発行

従来であれば請求書の発行は、請求書の印刷、封筒への封入、郵便への投函という手続きを経ていました。これらを手作業で行うと人手もかかり、間違いが起こったり、郵便コストもかかったりするものです。

けれども、必ずしも請求書を紙で印刷して発行する必要はなく、電子化したデータを請求書とすることもできます。近年、請求明細を電子化することにより、これらの手続きの省力化を図っています。

②入金消込

入金消込とは、営業債権の請求額と実際の入金額を照合し、支払期限までに請求書通りに入金されているかどうかを照合し、予定通りに入金があれば明細を消し込んでいく作業のことをいいます。

この作業は、得意先社数が多く、入金件数も多い場合、作業量が膨大になり手作業だと大変になるため、効率化が求められています。

③経費精算

出張旅費や立替経費の精算は取引量が多く、領収書などの証憑書類の保管が面倒なことからシステム化を求められることが多い業務です。また、精算に関わる従業員は会計の知識が十分でない場合も多く、取引を仕訳として認識するための勘定科目の選定などに誤りのないような仕組みを講じておくことも求められています。

最近の会計システムでは、これら業務の効率化のためのツールや仕組みを備えていますが、単独でソリューションを提供しているアプリもあります。そのような場合には後述するオープンAPIでデータ連携していくとより便利になっていきます。

8-2 会計システムでのRPAの活用

定型的な経理事務のオートメーション（ロボット）化を行う

RPAとは？

RPA（Robotic Process Automation）を利用する企業が増えています。RPAとは、PC上で普段行っているデスクワークのうち、定型的な作業をソフトウェア型のロボットに置き換えるためのソフトウェアのことです。労働人口の減少や働き方改革などの社会的ニーズから、業務効率化やミスの軽減を目的として導入が増えてきています。

導入が進んでいる理由のひとつとして、その導入の容易性が挙げられます。通常のソフトウェア導入では、要件定義・基本設計・詳細設計・プログラム開発・テストという一連のシステム開発の工程を踏みますが、RPAでは自動化したい操作をRPAに記録させるだけで、ロボット（自動化プログラム）が作成できるようになります。

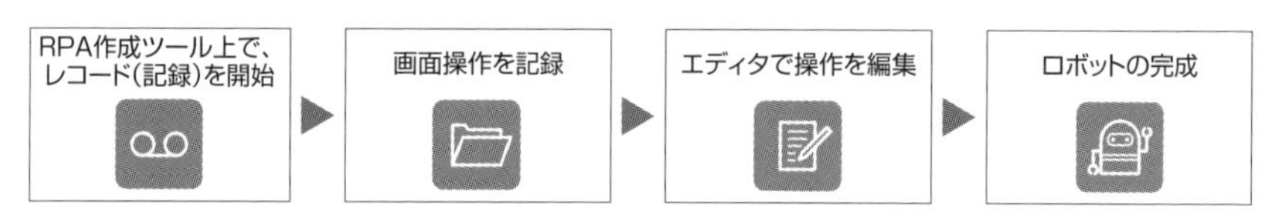

◆RPAにおけるロボットの作成手順

会計業務へのRPAの導入例

RPAは会計業務の中では、特に**入力業務**に有用です。たとえば、配賦計算について、これまではエクセルで作業し、CSVファイルに変換してダウンロードを行い、会計システムを立ち上げ、そしてCSVインポート処理を行っていた一連の作業をRPAに代行させることができます。これにより、定型業務の効率化につながります。

以下、いくつかの代表的な会計システムへのRPAの活用例を見ていきます。

為替レート情報の登録業務の例

為替レート情報の登録業務を元にRPAの機能を説明します。

まず為替レート情報の登録業務です。最初に、ブラウザーを起動して為替レート情報が掲載されているサイトにアクセスします。ログインが必要な場合にはRPAに記憶させてあるユーザーIDとパスワードでログインします。そして、ブラウザーに表示されている為替レート情報をコピーします。

次に、表計算ソフトを起動してブラウザーでコピーした為替情報を貼り付けます。表計算ソフトでは、為替レート情報を貼り付ければ、そのまま会計システムに登録できるレイアウトになっており、会計システムを起動して、為替レート一括アップロードのメニューを呼び出した上で、表計算ソフトで作成したファイルをアップロードします。

◆為替レート情報登録の流れ

この一連の業務を「**為替レート情報登録**」としてRPAに記録させます。記録の方法は、ソフトウェアによって異なりますが、一般的には次のような手順になります。

① 記録開始ボタンを押す
② 一連の業務をPC上で操作する
③ 記録終了ボタンを押下する
④ 業務フロー（ロボット）ができるので名前をつけて保存する

⑤ 必要に応じて各業務に記録された値の修正を行う

この修正作業には、日付やファイル名などを固定値から変数に変換する作業や、処理に条件分岐を追加で組み込むなどの作業があります。

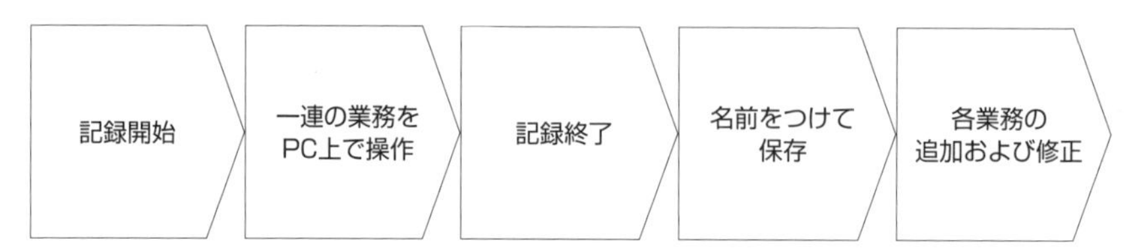

◆RPAによる為替レート情報の登録

月次管理帳票を関係者に周知する業務のRPA化

月次管理帳票を関係者に周知する業務のRPA化について説明します。

まず、会計システムで試算表や推移表などの帳票出力を実行し、その帳票データをダウンロードします。次に、表計算ソフトで関数を利用した分析やグラフを作成するなど、管理帳票を加工します。最後に完成した管理帳票を関係者に配信することをRPAで行うことができます。

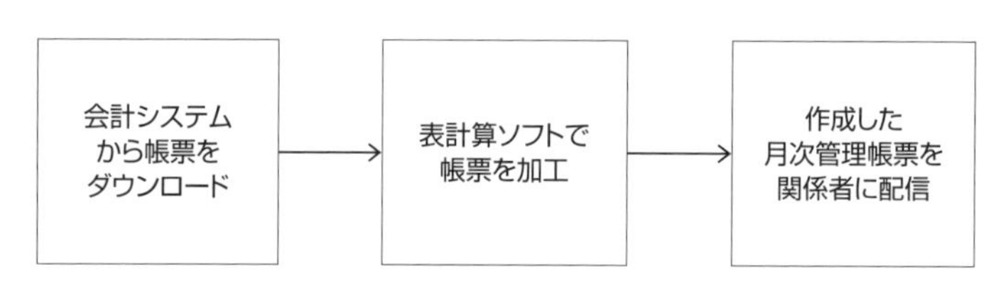

◆RPAによる月次管理帳票の作成と配信

クレジットカードの明細から仕訳を生成する業務のRPA化

この他、クレジットカードの明細から仕訳を生成して会計システムにアップロードする例について説明します。

まず、クレジットカードの利用明細をクレジットカード会社のサイトからダウンロードします。次に、表計算ソフトに利用明細情報を貼り付け、カード利用者の所属部門から部門、利用明細の支払先から勘定科目を特定して仕訳の形式に変換します。その上でカード利用者にファイルをメール送信します。

カード利用者はファイルの内容を確認し、必要に応じて修正を行います。修正したファイルは添付してロボットに返信します。最後に、ロボットが受け取ったファイルの変更内容を確認し、会計システムにアップロードします。この例ではカード利用者による内容確認の前後でロボットが分かれるのでロボットは2つ必要になります。

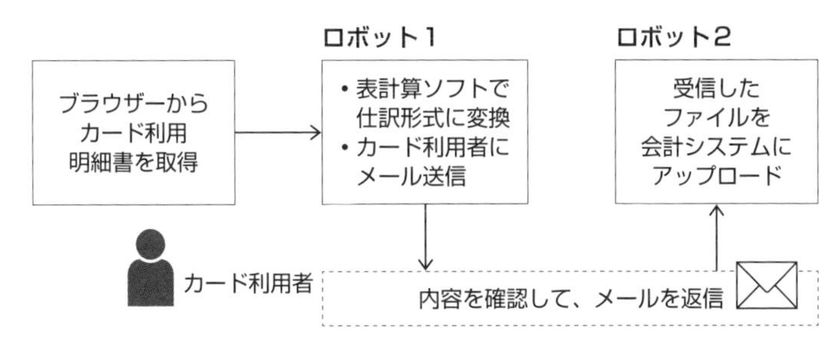

◆RPAによるクレジットカード明細の自動仕訳計上

RPAの実行方法

PRAの実行方法は大きく2つあります。

ひとつは**PC上で実行する方法**です。PCにインストールされたRPAソフトウェアを起動し、実行したいロボットを選択した上で、即時実行ないしスケジュール実行をする方法です。

もうひとつは**サーバー上で実行する方法**です。ロボットはサーバーに格納されており、各ロボットはスケジュールに基づき実行されます。

各ロボットをどちらの方法で実行させるかはケース・バイ・ケースです。為替レート情報の登録を例にすると、担当者が適宜PCで実行することもあれば、夜間などに定期的に実行することもできます。ただし、PC実行の場合はロボットが処理をする間はPCを起動させておく必要があるので、夜間に実行されるのであればPCを起動させたまま帰宅するかサーバー実行にしておく必要があります。

8-3 会計システムでのAIの活用

定型化しやすい会計業務にAIの活用が広がっている

AIは古くて新しい

AI（Artificial Intelligence）は古くて新しい技術です。大量の知識データに対して、高度な推論を的確に行うという考え方は、30〜40年前から研究が進められてきましたが、最近になってAIを実現するのに必要な処理速度や容量に対応するITインフラが登場し、実用化されています。

まず、代表的なAIの要素技術である**ディープラーニング**（深層学習）について説明します。ディープラーニングとは、人間が自然に行うタスクをコンピュータに学習させる機械学習の手法のひとつです。AIの急速な発展を支える技術であり、その進歩によりさまざまな分野への実用化が進んでいます。

ディープラーニングでは、学習処理と推論処理の２つの処理が行われ

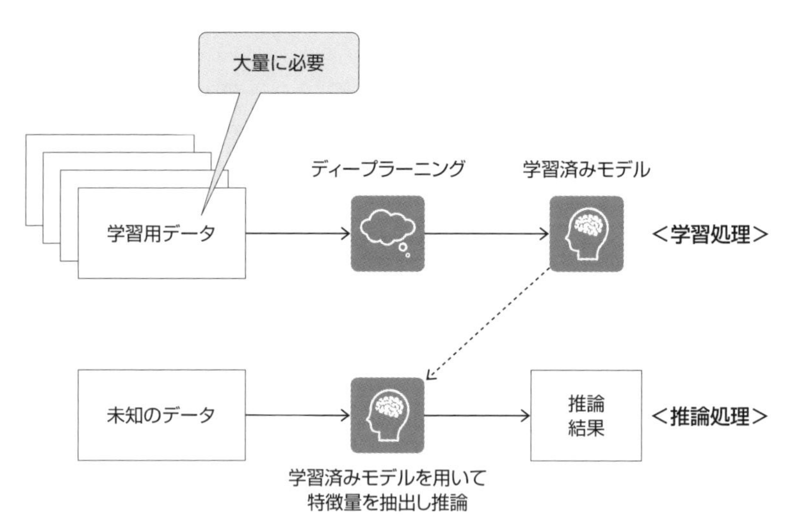

◆ディープラーニングの仕組み

ます。学習処理の目的は、推論処理を行うための前提となる「**学習済みモデル**」を作成することで、そのためには大量のデータ（学習用データ）が必要となります。推論処理ではこの学習済みモデルを用いて、未知の情報に対する推論（意思決定）を行います。

AIの会計業務への導入例

AIは、仕訳の生成から監査まで経理業務の各場面で活用されています。

経理業務では聞き慣れない勘定科目が登場し、何かと専門知識が必要とされるものですが、領収書のチェック、同じような伝票入力といった定型的な業務も多いという性質もあります。

この**専門知識、定型業務の部分をAI化**し、システムに組み込むことによって、さまざまな業務を自動化できます。つまり、会計業務はAIが活用される余地が大きく、AI化しやすい分野であるといえます。いくつかの例を元に説明していきます。

AIによる領収書などの読み取り自動化

取引入力の際の紙の伝票を読み込み、自動的に仕訳に必要なデータを抽出する**AI-OCR**と呼ばれるソリューションを紹介します。

これは、従来のOCR（Optical Character Recognition/Reader、画像の文字認識）にAIの機能を持たせたもので、AIによって非定型の帳票からでも必要なデータを抽出したり、手書きの帳票から文字を認識したり、データ抽出したりすることができます。特に、取引先ごとに様式の異なる請求書や見積書から自動でデータを抽出する際に有効となります。これにより、入力の手間が減って業務効率化が図れ、目視や手入力時の人的ミスが減らせます。

AI-OCRは、一般的なOCRと違い、名前の通りAIを搭載したOCRです。一般的なOCRでは定型フォームに印字された文字の読み取りは可能ですが、非定型レイアウトや、定型であっても手書き（領収書の宛名欄など）は正確に読み取れず、実用レベルではありません。しかしAI-OCRでは、非定型レイアウトや手書きの読み取りが可能になります。

このAI-OCRの具体的な使われ方として、レシート、領収書の内容を読み取ってデータ化し、伝票入力を自動化することがあります。

AIによる自動仕訳

クレジットカードなどの明細データを連携する際、データを取り込むだけでなく、内容を判別して勘定科目を提案し、自動仕訳を行う機能があります。ここでは明細データを連携するだけでなく、「取込みデータから内容を判別する」という点でAIが使われます。

仕訳作成の作業においてもAIは活用されています。場合によっては、過去に処理をしたことがない未知の取引であっても、類似の仕訳データに基づいて推測し、仕訳生成を提案する機能が備わっている会計システムもあります。

AIによるチェックの効率化・正確性

決算時のチェックや監査をAIにより自動化すると、時間の短縮、正確性の向上になるとともに、不正やミスを防止する仕組みにもつながります。この「チェックする」という点でAIが使われています。

具体的な例として、決算時に過去との変動率が大きいといった異変を発見し、修正の必要がありそうな仕訳を自動で探してアラートとして表示することや、決算時のエラーチェックなどをすることです。

他にも、請求書データを自動で読み取り、機械学習により、その中から不正や不具合の可能性があるデータを抽出し、それらについて人が確認するよう促す機能もあります。

仕訳データを対象に、機械学習で一定の法則性を読み取り、個々の仕訳がそれに合致するかどうかを評価することで異常な仕訳を抽出します。

AIによる会計システム活用の広がり

ここまで紹介したAIの利用方法でなく、会計データをさらに応用するAIの活用例もあります。自社の経営データと数万社の経営データとを比較・分析して経営課題を抽出する経営特化型のAIや、金融機関の融資において、蓄積した過去の企業データと会計システムのデータを組み合わせて、融資の可否を自動判断するAIです。

自社のデータを自社のためだけに蓄積するのではなく、後述するクラウドなどにより、ビッグデータとして蓄積し分析に役立て、さらにはこれらの例のように別の用途で活用する動きもあります。

領収書などの読み取りや仕訳においては、特に定型化されやすい業務であることもあり、AIによる自動化が既に進んでおり、今後も真っ先に活用が広がると見込まれます。

監査や決算のチェックにおいては、決算処理を進めていく中での仕訳ミスの防止にAI活用が進みそうです。監査チェックのAI自動化は監査法人において既に取組みが始まっています。

AIとRPAとの関係

最後に、RPAとAIとの関係について説明します。

これまでの説明からもわかるように、ロボットができることはまだまだ機械的な繰り返し作業が中心です。一方でAIという技術が進化してきました。AIは「知能」ということで、いろいろなことができそうですが、人工知能の詳細については深入りせず、AIないしそれに類する技術を利用してRPAというロボットが単純作業だけでなく、より柔軟性を持つことができたとしたら経理業務の自動化はより進むと思います。

各仕入先から送られてくる請求書は業者ごとに様式はまちまちですが、この多様なフォーマットをロボットが適切に読み込み、仕訳に必要な情報を取捨選択できるようになれば、請求書をスキャンするだけで仕訳の計上まで自動化することができます。

今でもかなりの精度まで実現できている機能ですが、深層学習による勘定科目の判定などで精度が上がることが期待されています。

8-4 会計システムでのオープンAPIの活用

会計システムの発展にはAPIを通じたデータ連携が不可欠

APIがオープンAPIに発展していく

API（Application Programming Interface）とは、あるアプリケーションの機能や管理するデータなどを他のアプリケーションから呼び出して利用するための接続仕様のことをいいます。

さらに、外部企業からアクセス可能な状態にされたAPIを**オープンAPI**と呼んでいます。オープンAPIにより、他社のアプリケーションと自社のアプリケーションとの接続が可能となり、業務の効率化や顧客への新たなサービス提供のための技術として注目を集めています。

オープンAPIの活用例

旅行の予約サイトを想像してみてください。いまや世界各国のさまざまなホテルの予約を１つのポータルサイトから行うことができます。そして、そのサイトではホテルだけでなく、航空券、レンタカー、オプショナルツアーなど付加的なサービスも連携しています。

こうしたことが実現できているのは、サードパーティーの提供するアプリケーションをシステム全体の中でシームレスに機能させる、いわば「万能アダプター」ともいえるオープンAPIがあるからです。

宿泊施設の予約情報管理は、従来は独自に部屋や部屋のタイプ、料金などを管理しています。反面、利用者からするとさまざまな宿泊施設を比較したいとの要望があります。そこで、バラバラの情報を何らかの形で標準化していくことが求められてきます。

FinTech企業が金融機関と連携してサービスを提供する仕組み

オープンAPIは、金融機関で先行して発展してきています。そこで

FinTech（Finance（金融）とTechnology（技術）を組み合わせた造語）企業が、オープンAPIを用いて金融機関と連携してお客様にサービスを提供する際の仕組みを紹介します。

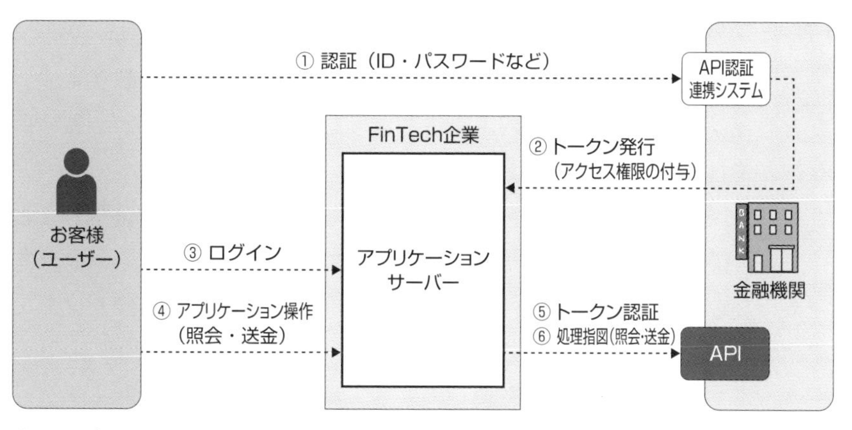

◆オープンAPIの基本的な仕組み

金融機関によるオープンAPIは、金融機関と外部の事業者（FinTech企業）との間の安全なデータ連携を可能にする取組みです。金融機関がシステムへの接続仕様を外部の事業者に公開し、あらかじめ契約を結んだ外部事業者のアクセスを認めることで、金融機関以外の事業者が金融機関と連携して、お互いに知恵を絞り、利便性の高い、高度な金融サービスを展開しやすくなります。

これまでも、家計簿サービスなどの個人資産管理サービスで、金融機関のデータと連携する仕組みがありましたが、従来の仕組みでは、サービス提供事業者に銀行のインターネットバンキングなどのログインIDやパスワードを預ける必要がありました。そのため、サービス提供事業者は、利用者の同意を得た上で、利用者に代わって、銀行のシステムに直接ログインしてデータを取得しなければならず、セキュリティや情報の正確性に課題がありました。

けれども、オープンAPIによるデータ連携では、ログインIDやパスワードをサービス提供事業者に預けることなく、利用者自身が銀行のシステムを通して、利用したいサービスに対してデータ連携に関する許可を与えるため、安全かつ正確なデータ連携が可能な仕組みとなっています。

金融機関と会計システムとのオープンAPI

金融機関のオープンAPIを活用している会計システムがあります。たとえば、金融機関口座の利用明細を参照し、それを会計システムに取り込んで自動仕訳を行うことです。

会計システムで大切なことは、お金の出し入れを正確に把握することです。銀行との入出金の状況が可視化され、「仕訳」が自動化されれば、企業の経理担当者にとっては銀行に行って通帳に記帳し、会計ソフトに転記する、その一連の手続きに人手を介することが不要になり、会計データはリアルタイムな状況を映し出すことができるようになります。

会計システムによるオープンAPIの導入例

経費精算アプリでは、交通系ICカードやキャッシュレス決済事業者のアプリとAPIで連携することにより、経費精算および経費管理業務を効率化することが行われています。

先に、クレジットカードの明細を会計システムに取り組むことについて、RPAを用いて効率化していく事例を紹介しましたが、オープンAPIにより、クレジットカード会社と会計システムとの連携がなされてくると、明細を取り込むという作業自体が必要なく、クレジットカードの利用明細をそのまま会計システムに取り込む例も登場してきています。

オープンAPIの留意事項

オープンAPIを使った企業間連携は、業務の効率化をはじめさまざまな効果を生むことが期待される一方、顧客情報などを会社間でやりとりすることになるため、**セキュリティには細心の注意を払わなければなりません**。また、連携は一対一ではなく多対多の関係になることから、**共通言語を用いたセキュリティレベルの定義を行う**必要があります。

そこで金融庁は、オープンAPIに関する有識者検討会の中でワーキンググループを発足させ、API接続の際に金融機関と接続先とが遵守すべきチェックリストを作成しました。金融機関とAPI接続する会社は、これに記載されているセキュリティ事項を遵守する必要があります。

◆API接続チェックリストの項目

カテゴリー	チェック項目
情報・セキュリティ管理態勢	API接続先の情報・セキュリティ管理態勢について確認する
外部委託管理	API接続先が外部委託を行う場合、外部委託の管理態勢について確認する
金融機関・API接続先の協力体制	利用者保護の観点から、金融機関およびAPI接続先における責任分界点や役割分担について確認する
コンピュータ設備管理	API接続先がサービスを提供するシステムが実装されているコンピュータ設備のセキュリティについて確認する
オフィス設備管理	API接続先がサービスを提供するシステムにアクセスする機器が設置されているオフィスのセキュリティについて確認する
システム管理・運用管理	API接続先の基本的な開発および運用の管理態勢について確認する
サービスシステムのセキュリティ機能	API接続先が提供するサービスシステムのセキュリティ実装要件について確認する
APIセキュリティ機能	利用者保護の観点から、APIアクセスを管理するシステムについて確認する
API利用セキュリティ	利用者への説明義務について確認する

8-5 XBRLによる開示分析

財務諸表などのビジネスレポートを電子文書化する

XBRLとは？

XBRLとは（eXtensible Business Reporting Language）の略です。直訳すると「拡張可能な事業報告用言語」となります。つまりXBRLは言語のことであり、XML（eXtensible Markup Language）という言語をベースにしているものです。

XBRLの目的は、企業が開示する財務諸表を中心とした各種財務データを各企業が共通の言語で作成することにより、集計や加工を容易にしようという発想に基づくものです。

XBRLによる共通化が行われる以前は、各企業から開示された財務情報を使って分析作業などを行う際に、紙媒体やPDFなどで作成された各社の財務諸表から勘定科目別の残高を１件ずつ手作業に近い形で表計算ソフトなどに転記する作業が必要でした。

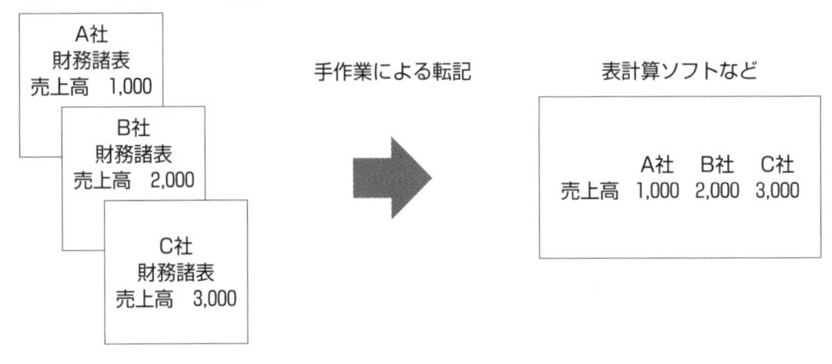

◆手作業によるデータ集計

この作業は非常に非効率であり、財務情報の二次加工や再利用に大きな壁となっていましたが、XBRLの採用により、企業ごとの勘定科目の情報をデータ抽出できるようになり、とても簡単に抽出できるようになりました。

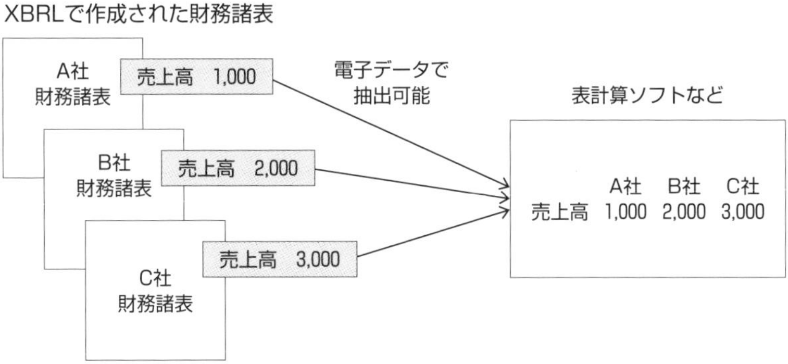

◆XBRLを利用したデータ抽出のイメージ

XBRLとタクソノミ

前述のようなデータ抽出を実現するためには、もうひとつ大きな決め事が必要です。各企業の情報が共通の言語であるXBRLで作成されたとしても、各企業の財務諸表の様式や勘定科目の使い方がバラバラでは情報の比較検証ができません。そこで、財務諸表のひな型が定められていて、これを**タクソノミ**と呼びます。タクソノミという言葉自体はもともと生物学における分類法、分類学のことで、XBRLにおけるタクソノミとは財務諸表上の勘定科目の分類を定義したものといえます。

たとえば多くの会社の財務諸表をエクセルで管理しているとして、科目や金額を保存するセルがバラバラであれば各社の財務諸表の比較や合計値、平均値を計算するのが厄介になりますが、セル位置を統一しておくと、串刺し計算や比較がしやすくなります。タクソノミはそのような決め事であると理解してください。

有価証券報告書はXBRLを利用して作成されている

上場会社は、金融商品取引法によって、有価証券報告書の作成・公表が義務付けられています。有価証券報告書は、企業内容の外部への開示資料で、略して有報（ゆうほう）と呼ばれることもあります。

その有価証券報告書は、**EDINET**（Electronic Disclosure for Investors' NETwork：エディネット）という電子情報開示システムで開示されており、インターネットを通じて閲覧することができます。この有価証券報告書は、金融庁が公表する「EDINETタクソノミ」に基づきXBRLを利用して作成されています。

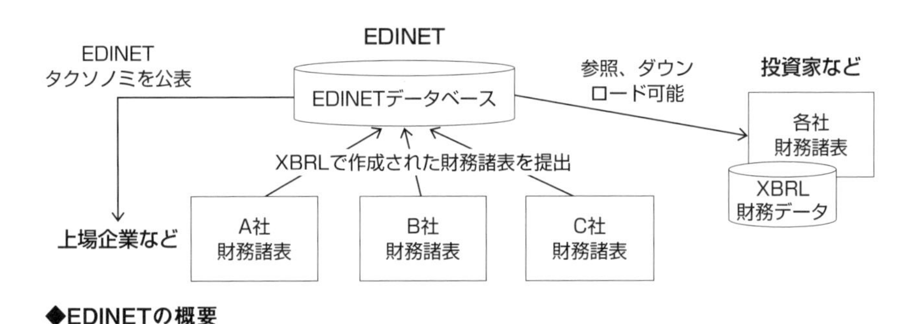

◆EDINETの概要

XBRLを利用するメリット

財務情報に関して、XBRLを利用するメリットを、投資者などの財務情報の利用者、財務情報の作成者、財務情報の提出機関に分けて説明します。

・財務情報の利用者（投資者、アナリスト、情報ベンダーなど）

従来は、PDF、HTML形式などで提供された情報を改めて入力し、それを確認する作業が必要でしたが、XBRL形式により提供される財務情報は、財務情報を構成するそれぞれの数値情報に、システムが自動的に認識できるタグが設定されているため、情報を改めて入力する作業が不要となり、利用者はXBRL形式により提供された財務情報をそのまま取り込み、迅速に分析や加工を行うことが可能になりました。

・財務情報の作成者（上場会社など）

財務情報の作成者である上場会社などは、提出先から提示された様式や利用者の状況に合わせて、財務諸表を編集・作成する必要がありますが、提出先や利用者のシステムがXBRL化する一方、将来的に、社内システムもXBRL 対応させることで財務諸表作成に要する上場会社の事務負担が軽減されます。

・財務情報の提出機関（証券取引所、監督機関など）

XBRL形式で提出される財務情報については、提出機関のシステムへ自動的に取り込まれ、各勘定科目の整合性のチェックをはじめとする財務情報の確認作業をシステムが自動的に実施することができます。

この結果、従来にも増して精度・信頼性の高い財務情報を取得することができるほか、システムに取り込まれたデータについては、従来よりも深度を増した企業分析などが可能になることから、監督業務の高度化にも資するものと期待されています。

8-6 クラウドの台頭

システムはオンプレミスからクラウドへと変化している

ひと昔前の情報システムの形態

ひと昔前の情報システムは、自社でサーバーを調達し、その上に自前で開発するか、あるいはERPなどのパッケージを用いてシステムを構築することが一般的な形態でした。このことを「**オンプレミス**」（情報システムの設備（ハードウェア）を自社で保有して運用すること。略して“オンプレ”ともいう）といいます。

保有することから利用することに変わっていくシステム

近年、ネットワーク技術の発達やコンピュータの処理能力の向上により、従来とは異なるシステムの利用形態が生まれています。

新しい形態では、システムを自社に設置して自社の端末からアクセスして使うのではなく、IT業者が保有するデータセンターなどの共同で利用できるシステムにインターネットを経由してアクセスして処理を行うことが可能となってきました。こうしたコンピュータの機能や性能を共同利用するための仕組みを「**クラウドコンピューティング**」あるいは「**クラウド**」と呼びます。

クラウドコンピューティングの定義

米国国立標準技術研究所（NIST）では、2011年に「NIST Special Publication 800-145（NISTによるクラウドコンピューティングの定義）」を公表し、クラウドコンピューティングについて次ページのように定義しています。

共用の構成可能なコンピューティングリソース（ネットワーク、サーバー、ストレージ、アプリケーション、サービス）の集積に、どこからでも、簡便に、必要に応じて、ネットワーク経由でアクセスすることを可能とするモデルであり、最小限の利用手続きまたはサービスプロバイダとのやりとりで速やかに割当てられ提供されるもの

クラウドの基本的な特徴

NISTは、クラウドの5つの特徴を説明しています。

①オンデマンド・セルフサービス

利用者は、サービスの提供者と直接やりとりすることなく、必要に応じ、自動的かつ一方的にサーバーやストレージなどの機能・リソースを設定することが可能です。このことは、オンプレミスのようにシステム導入時にあらかじめサーバーのスペックやストレージの領域を決めるのではなく、「好きなときに好きなだけ」変更することが可能であることを意味します。

②幅広いネットワークアクセス

機能・リソースはネットワークを通じて利用可能となっており、そのことによりさまざまなクライアント（ラップトップPCなどに限らず、スマートフォンやタブレットなども含む）から利用することができます。

③リソース（資源）が共用可能であること

リソースは、直訳すると資源という意味です。システムの分野におけるリソースという単語は、使われる場面や状況によって意味合いが異なりますが、ここでは、ソフトウェアまたはハードウェアを動作させるために必要なメモリ容量、ハードウェア容量、またはCPUの処理速度のことと理解してください。サービス提供者のリソース（資源）は、集中管理されていて、それらは複数の利用者に提供されます。

リソースは、利用者の需要に応じて動的に割り当てられます。そのため、若干の例外はあるものの24時間365日の間、サービスを使用することができます。また利用者は、サービスを利用するにあたり、リソースの所在を意識する必要はありません。つまり、どこの国・地域に置かれているサーバーなどの資源があるのかを意識せずに使用できます。

④スピーディな拡張性

リソースは、伸縮自在で、場合によっては自動で割り当てることが可能で、需要に応じて即座にスケールアウト／スケールインを可能にしているクラウドがあります。

そのことによって、ストレージなどのリリースを即時に、必要な量・大きさ、必要なだけ確保することができます。また、オンプレミスのシステムでは、面倒なOSのアップデートやセキュリティパッチプログラムの適用などのメンテナンス作業も、クラウド提供業者で対応されるため、利用者は意識することなくシームレスにサービスを使用することができます。

⑤サービスが計測可能であること

クラウドサービスは、リソースの利用を適切に計測した上で、管理を行い、最適化していきます。そして、その計測結果（リソースの利用時間や利用量）に基づき課金を行うものもあります。つまり、提供しているサービスが計測可能であるとの特徴があるのです。

クラウドサービスの提供形態

クラウドサービスは、その提供する提供形態によって、**IaaS型**（Infrastructure as a Service）、**PaaS型**（Platform as a Service）、**SaaS型**（Software as a Service）の3つに分けられ、これをサービスモデルともいうことができます。それぞれについて詳しく見ていきます。

IaaS型

OSやアプリケーションを含め、利用者が任意のソフトウェアをデプロイ（利用可能に）して実行可能にするモデルです。処理能力やストレージ、ネットワーク、その他の基本的なコンピューティングリソースが利用者に提供されます。

利用者はクラウドインフラの基本的な部分の管理やコントロールを行うことはできませんが、OSやストレージ、デプロイしたアプリケーション、さらに場合によってはいくつかのネットワーク構成の限定された設定・制御を行うことができます。

PaaS型

サービスプロバイダによってサポートされるプログラミング言語やツールを用いて、利用者が用意したアプリケーションプログラムをクラウドプラットフォーム上にデプロイして利用するモデルです。

利用者はクラウドプラットフォームのネットワーク、サーバー、OS、ストレージの管理・制御は行えませんが、アプリケーションのコントロールと、場合によってはアプリケーションをホストする環境の設定をコントロールすることができます。

SaaS型

Webブラウザーなどを通して、クラウド上で稼働するアプリケーションプログラムにアクセスして利用するモデルです。メールやストレージ（データ共有）などによく使われています。

利用者は、クラウドプラットフォームにあるネットワークやサーバー、OS、ストレージの管理・制御を行えず、特定のアプリケーションを利用することだけができます。

実際に提供されているクラウドサービスには、次ページの表のものがあります。

◆実際に提供されているクラウドサービス

提供形態	ソリューション例	説　明
SaaSサース	• Office365（Microsoft） • Sales Cloud（Salesform.com） • Slack	アプリケーションプログラムが持つ機能をクラウドで提供するサービス。業務アプリケーションから、OAツール、グループウェアなど多岐にわたる
PaaSパース	• Microsoft AZURE • Google APPS Engine • Amazon EC2	アプリケーションを開発・実行するための環境を提供するサービス。プログラミング環境やデータベースを使用できる環境が挙げられる
IaaSイアース（アイアース）	• Google Cloud • Amazon S3	仮想化の技術を活用し、サーバーやストレージ、ネットワークの機能を提供するサービス

クラウドを利用するメリット

クラウドを利用するメリットについて、総務省の『情報通信白書』では次のようにまとめています。そこで挙げられた上位の理由について考えていきます。

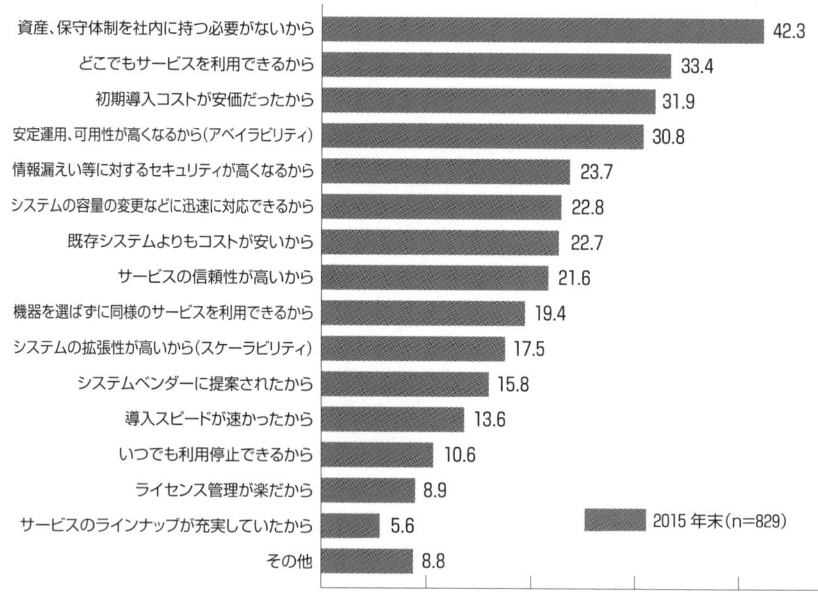

出典：総務省『平成28年版 情報通信白書』

◆クラウドサービスを利用している理由

①資産、保守体制を社内に持つ必要がない

クラウドサービスがなかった時代には、何かシステムを導入しようとする場合、自社内に置いたサーバーへソフトウェアをインストールし、利用・運用する形態（オンプレミス型）が一般的でした。

ただ、社内にサーバーを置くとなると、サーバーそのものの購入と維持が負担となり、システム内容を更新するメンテナンスも欠かせず、技術スキルを持った担当者を置いておく必要が生じていました。

しかし、クラウドサービスを利用することによって、サーバーを自社で持つ必要がなくなり、管理負荷が期待できるようになったのです。

②どこでもサービスを利用できる

クラウドサービスのほとんど（すべてといっても過言ではありません）は、インターネットを介してアクセスすることを前提にしています。したがって、インターネットにさえ接続できる環境下にあれば、どこでもサービスを利用することができます。

③初期導入コストが安価

クラウドサービスの場合の初期導入コストは、自社でのサーバー購入やシステム開発、ソフトウェアを購入する必要がないため、初期導入コストを抑えることが可能です。また運用コストについても、社内にサーバーを持ち自社で運用するのに比べて、メンテナンスなどの保守要員の人件費などを抑えることができます。

④安定運用、可用性が高くなる

可用性とは、Availabilityともいい、システムを障害などで停止させることなく稼働し続けること、またはその指標のことをいいます。

一般的に可用性は、「一定時間のうち、システムを稼働可能な時間の割合（%）」を意味する「稼働率」で表現されます。特にクラウドサービスやネットワークサービス、レンタルサーバーなどでは、サービスの品質を判断するため、この数値を公表していることもあります。

可用性が低いクラウドサービスもあるため、可用性が高いというと疑念を持たれる方もいらっしゃるかもしれませんが、オンプレミスのシステムで可用性を高くしようとすると相当の努力とリソースを必要とするので、可用性が高いことはクラウドの特徴といってもよいでしょう。

⑤セキュリティが高くなる

クラウドサービスを利用しようとする際、セキュリティが心配という方がいますが、反面、オンプレミスで常に最新のセキュリティ環境を維持するためには、相当のリソースとコストが必要となり、可用性と同じ論理が働きます。

クラウドサービスを運用する企業にとっては、顧客との信頼を維持していくために、それ相応の対策をしているので、結果として効率よく最新のセキュリティ環境を得ているともいえます。

⑥導入スピードが速い、いつでも利用停止できる

総務省の調査では高くない順位ですが、「導入スピードが速い、いつでも利用停止できる」ことも大きなメリットです。

オンプレミスのように、企画から本番稼働まで数カ月、数年かかるということはなく、早ければ即日から利用可能なものもあります。

また、利用を止めたいと判断すれば、(契約上の制約はありますが)利用を取り止めることが容易なのもクラウドの特徴です。利用を止めるといっても、そのサービスを利用するニーズはあるはずなので、よりよいサービスが出ると乗り換えることができるものと考えるとよいでしょう。

システムを検討する際に機能面の検討を最重要と位置づけている人が多いことと思います。その機能面の延長で、オンプレミスかクラウドか、との比較検討がなされますが、労働力不足の昨今では「社内でシステム管理の必要がない」「最新の技術をサービスとして享受できる」とのリソース面での比較検討が重要になってきているといえるでしょう。

8-7 会計システムとクラウド

クラウドを利用する会計システムの特徴を探る

クラウド会計システムの概要

会計システムは、総勘定元帳管理、請求管理、支払管理、固定資産管理、経費管理などの機能があります。近年、これらの機能をSaaSの形態で提供するベンダーが増えてきました。マネーフォワード社やfreee社などは、SaaS型に特化したクラウド会計システムを提供しています。

また、オンプレミス型の会計パッケージソフトを販売していたITベンダーが、従来取り扱っていたソフトをアマゾン ウェブ サービス（AWS）やGoogle Cloud Platform（GCP）などのクラウド環境で稼働するように対応しているケースも見られます。

SaaS型で提供されるものとIaaS/PaaS上で稼働するもの

同様にERPシステムに関しても、SaaS型で提供されるものと、IaaS/PaaS上で稼働するものが出てきています。

◆主なクラウドサービス

	会計システムの例	ERPシステムの例
SaaSとして提供される	• MFクラウド会計（マネーフォワード） • freee • 勘定奉行クラウド（OBC） • 弥生会計オンライン（弥生）	• SAP S/4 HANA Cloud • NetSuite（Oracle） • Oracle ERP Cloud • Dynamics 365（Microsoft）
IaaS/PaaS上で稼働する	• 勘定奉行 • 弥生会計	• SAP S/4 HANA • 奉行Vシリーズ（OBC）

たとえば、SAP社のS/4 HANAはもともとオンプレミス用で開発されたシステムですが、クラウド環境上でも導入・利用できるようになり、**S/4 HANA Cloud**がSaaSで提供されています。

会計システムをクラウドで利用するメリット

会計システムをクラウドで利用すると、次のメリットがあります。

①さまざまな連携が可能となる

会計システムには銀行口座をはじめとして、さまざまな外部からの入力を必要とするものです。クラウドの会計システムの中に、それら外部データと自動的に連携を行う機能が提供されていると、手間のかかる入力業務を省力化することができます。

②法規制などの対応

クラウドの会計システムを利用すると、サービス提供会社が、会計基準の変更や税制度の変更に対応してくれるため、自社での対応が不要となります。自社で開発するシステムの場合は、その都度機能改修が必要であり、それにかかるコストも相対的に大きくなります。また、オンプレミスの会計パッケージでは、サービス提供会社がその対応を行っていたとしてもバージョンアップの作業が必要となり、そのためのコストと工数が割かれます。

③専門家からの助言を受けることができる

クラウドの会計システムを採用する企業の中には、スタートアップ企業や中小・零細企業も含まれます。そうした企業においては、会計基準や税務対応に必要なスキルを有している社員がいないというケースが想定されます。その専門領域を自社で対応するのは大変なので、専門家への問い合わせサービスをラインナップに加えているクラウド会計システムベンダーもいます。

SaaS型か？　IaaS/PaaS型か？

クラウドの会計システム（ERPシステムを含む）を検討する際に、SaaSとして提供されるか、それともIaaS/PaaS上で稼働するか、どちらを選定するかということを考えます。

SaaS型の会計システム

まず、SaaS型については、それ自体が完成されたサービスであるため、スピーディに利用を開始することができます。したがって、スタートアップ企業など**すぐに業務を始めたい組織**に適しています。

また、コストも純粋な利用料のみであるため、極端な例だと1利用者当たり月額数百円〜数千円での利用も可能となります。しかしながら、既存機能以外の機能追加（アドオン開発）は原則許容されておらず、そういう意味では「標準機能を利用するだけ」で事が足りる企業に向いていると考えられます。

IaaS/PaaS上で稼働する会計システム

一方、「IaaS/PaaS上で稼働するもの」は、オンプレミスのパッケージがクラウド基盤に乗っている状態のものです。したがって、前者と比較すると、自社向けにアドオン開発を行うことができる柔軟性があります。しかしながら、利用開始までに多少の時間を必要とし、またコストもかかります。既に会計／ERPパッケージを使用しており、しかもかなりのアドオン開発が行われている場合には、こちらを選定するほうが短期的には現実的であると考えられます。

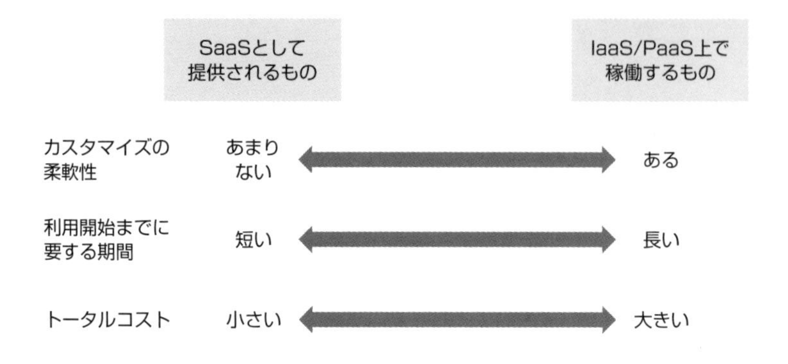

◆IaaS/PaaS上で稼働する会計システム

パッケージ vs クラウド

会計システムはパッケージ化しやすく、古くから多くの会計システムパッケージが存在していました。それが最近はクラウド化してきているのはこれまで述べてきた通りです。

それでは、オンプレ型のパッケージを導入するか、クラウド型にするのか、どちらがよいのか、どのような違いがあるのかとの疑問が生じてくることと思います。

そのことに関しては、これまで述べたクラウドの特徴によって判断していただければと思いますが、クラウドの最大の特徴は、導入までの時間が短く、サーバー設置などの煩わしさがないことです。このことは言い換えれば、他のクラウド製品があれば乗り換えることも容易であるともいえます。

パッケージの場合は、一度導入すれば5年、10年と使い続けようとの発想になりますが、クラウドの場合は、独自な使い方を廃し、よい製品が出ればいつでも乗り換えることができるような仕組みでの導入が望ましいと思われます。

8-8 クラウドのリスク管理

クラウドを利用する上でのリスクを把握する

クラウド利用のリスク

これまで述べてきた通り、クラウドには多くのメリットがありますが、世の中よい話ばかりとは限らず、自社の環境に設備が置かれていないことによるリスクが存在することに留意する必要があります。

クラウドに係るリスクは大きく「**セキュリティ**」、「**サービスレベル**」、「**法制度**」の３つに分類することができます。

◆クラウド利用に生じる3つのリスク

クラウドリスクの種類	クラウドリスクの内容
セキュリティに係るリスク	クラウドは開かれたネットワーク上で展開されるサービスであるため、それを起因としてデータが漏洩するリスク （例） ・伝送データの漏洩 ・残存データの漏洩
サービスレベルに係るリスク	クラウドサービス業者が原因となりサービスの維持・継続が損なわれるリスク （例） ・サービスの停止 ・パフォーマンスの低下
法制度に係るリスク	クラウドサービス領域が日本に限定されない場合に、各国間の法規制のギャップが起こすリスク

これらのリスクに関する具体的な例示および対策について説明していきます。

セキュリティに係るリスクの例ー伝送データの漏洩

クラウドベンダーと利用者側との間の**データ伝送中にデータが漏洩する**リスクがあります。

クラウドサービスは、ネットワークでのデータ伝送をベースとした仕組みとなっているため、クラウドベンダーと利用者側との間で伝送されるデータが漏洩するリスクがあります。

このリスクに関して、クラウドサービス提供会社は伝送データに対して**暗号化対策**を施しています。

対策の例では、**SSL/TLS**（Secure Socket Layer/Transport Layer Security）が挙げられます。また、標準的な暗号化だと不十分である場合は、採用するサービスによっては追加の暗号化施策を講じることも可能な場合があります。

自社のセキュリティポリシーに照らし、クラウドサービス提供会社が伝送データ漏洩リスクに対策を講じているかを確認することが必要になります。

セキュリティに係るリスクの例－残存データの漏洩

クラウドサービスの利用終了後に、**クラウド環境に残っているデータが漏洩する**リスクがあります。

クラウドサービスは、複数の利用企業が共有のインフラやアプリケーションを使う構成（マルチテナント）になっているので、自社がサービスの利用を終了したとしても、それまで使用していたデータがクラウドのDB環境から削除される保証はありません。たとえ削除されていたとしても、ハードウェアの物理的な破壊やデータの磁気的な消去によりデータを完全に消去することが困難であるため、残存したデータが漏洩するリスクがあります。そのため、マルチテナントのクラウドサービスを利用する以上、上記リスクに関しては一定程度残ってしまうことを許容する必要があります。

ただし、通常はクラウド利用終了後一定期間（たとえば90日など）を過ぎると、データは物理的に削除されてアクセスできなくなるため、それほどリスクは高くないと思われます。

また、最近ではサーバーなどの機器交換や機器廃棄の際の手続きを適切に実施していることを表明しているベンダーが増えてきています。

サービスレベルに係るリスクの例－サービスの停止

クラウドサービス提供会社のサーバーダウンなどにより、**サービスが利用できなくなってしまう**リスクがあります。クラウドサービスの利用は、サービス提供会社の保有する設備に依存します。したがって、会社側の設備の故障やメンテナンス時の人為的なオペミスなどにより機器が正常に稼働せず、サービスが停止してしまうことがあり得ます。

このリスクを防ぐためには、まずクラウドサービス利用開始前に、自社が利用する当該サービスに関係する設備やシステム構成を確認しておくことが必要です。特に、グローバルでサービス展開している場合は、海外にサービス提供環境を置いていることもあるため、サービスレベルのみならずデータ保護の目的においても、所在国・地域を特定しておくことが望ましいです。

サービスレベルに係るリスクの例―パフォーマンスの低下

リソース不足やトラフィック増加により**処理が遅延する**リスクがあります。パフォーマンス低下に関しては、大きく2つの理由があると考えられます。それはクラウドサービス側のリソース（サーバーのCPU処理能力など）に起因するものと、ネットワーク構成に起因するものです。

たとえばクラウドメールサービスを利用している場合は、ユーザーはインターネットの出入口であるプロキシーサーバーを介してメールサービスにアクセスすることになります。そこで集中的に多くの人がメールを利用すると、出入口が混雑してしまい、通信が遅延する、あるいは通信できないといった状況が発生します。また、ネットワークの帯域そのものが小さいことも原因となり得ます。

このようなケースでは、ネットワークの出入口を複数箇所設けるか、信頼のおけるクラウドサービスを利用する際は迂回経路を設けるような対応が必要となります。

法制度に係るリスクの例─各国の法制度の違い

海外のクラウドを利用する場合、**データを保管する国の法規制などにより不当な取扱いを受ける**リスクがあります。海外のクラウドは、日本との法制度の違いにより、クラウド上の自社データが不当な取扱いを受ける可能性があります。各国の法規制を知らずにデータを適当な国に保管してしまうと、法令違反となる可能性があります。

アメリカで2001年に愛国者法（Patriot Act）ができ、政府やFBIが国内に存在するサーバーのデータを調査することが可能となった時代がありました（当法は2015年6月に失効された）。また、2018年にはアメリカにてCLOUD法が可決され、これによりアメリカ当局は、アメリカ外のサーバーに保存されたデータへのアクセスが可能となっています。

他にも個人情報保護という観点で、2018年5月にEUで一般データ保護規則（General Data Protection Rule：GDPR）が適用されました。この法は日本の個人情報保護法（2016年改訂）とは異なる点も多く存在するため、海外に日本の情報を保管する場合、またはその逆の場合において留意が必要です。

各国、個々の法令の要求事項を読み解いていけば、考慮すべき事項はきりがないですが、最低限検討しなければならないのは、クラウド利用の際の情報保管場所を明らかにした上で、極力身近な場所に置くことを求めることです。最近では外資系のクラウドベンダーも日本にデータセンターを持っていることがめずらしくありません。

また、外国政府や当局の介入による予期せぬサービス利用停止などを防ぐためには、たとえばクラウドベンダーとのサービス利用約款の準拠法や管轄裁判所を日本にしておくという対策も有効です。

8-9 クラウド利用の管理プロセス

クラウドを賢く利用するための管理プロセスを確立する

クラウドの管理プロセス

クラウドを管理する上では、サービス利用のライフサイクルに沿って、各フェーズで適切な管理を行うことが重要となってきます。各フェーズとは、下図に示す「**利用検討時**」、「**契約締結時**」、「**運用時**」、「**契約終了時**」を指しています。

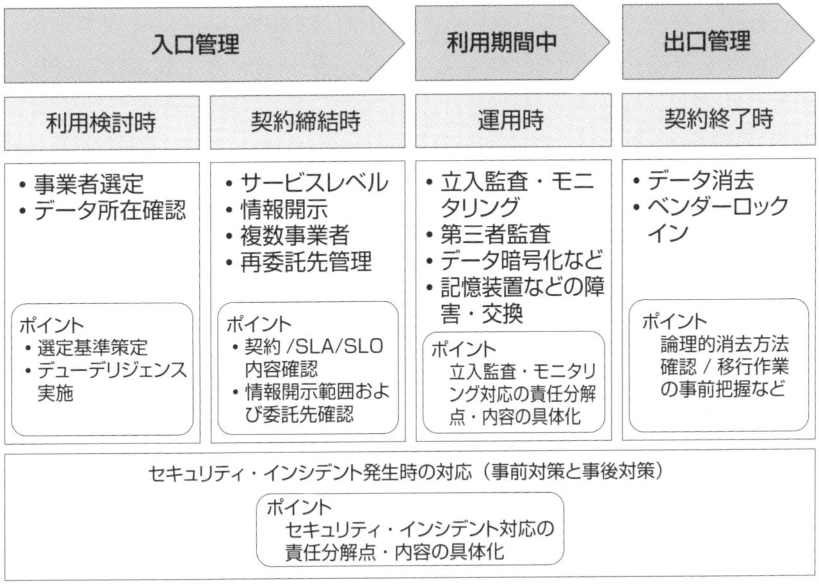

入口管理		利用期間中	出口管理
利用検討時	契約締結時	運用時	契約終了時
・事業者選定 ・データ所在確認	・サービスレベル ・情報開示 ・複数事業者 ・再委託先管理	・立入監査・モニタリング ・第三者監査 ・データ暗号化など ・記憶装置などの障害・交換	・データ消去 ・ベンダーロックイン
ポイント ・選定基準策定 ・デューデリジェンス実施	ポイント ・契約/SLA/SLO内容確認 ・情報開示範囲および委託先確認	ポイント 立入監査・モニタリング対応の責任分解点・内容の具体化	ポイント 論理的消去方法確認/移行作業の事前把握など

セキュリティ・インシデント発生時の対応（事前対策と事後対策）

ポイント
セキュリティ・インシデント対応の責任分解点・内容の具体化

出典：公益財団法人 金融情報システムセンター「金融機関におけるクラウド利用に関する有識者検討会報告書」を元に加筆修正

◆クラウドの管理プロセス

・**利用検討時**

サービスの選定タイミングでは、製品の評価は当然のことながら、**提供会社の属性**にも気を配る必要があります。会社の経営に不安要素があればサービスの継続性が疑わしくなるため、財務基盤の安定性や類似業務の提供実績などを加味することが重要です。さらに規制業種においては、データの保管場所の確認もはじめに押さえるべき事項です。

・**契約締結時**

このフェーズでは、**クラウドのサービスレベルをコミットさせることができるか**が大きなポイントです。パブリッククラウドでは環境を多くの利用者に共用させるため、利用者ごとにサービスレベルを設定することはないですが、監査権の設定といった交渉の余地が残されている箇所もないわけではありません。そのため利用者においては、自社のセキュリティポリシーとの関係性を踏まえながら、要望が極力通るように交渉することが望ましいと考えられます。

・**運用時**

クラウドサービスを利用している間は、**当初に締結したサービスレベルに沿って適切に提供されていることを監督する**必要があります。具体的には、クラウドサービスの担当者に直接インタビューしたり、サイトを訪問しサービス提供体制をチェックしたりすることなどが考えられます。また、ベンダーによっては別の第三者が当該ベンダーに対して実施した第三者評価のレポートを保有していることもあるため、それを確認することにより、ベンダーの品質を確認するといった手法もあります。

いずれにしても、クラウド利用のライフサイクルにおいて、このフェーズが最も期間が長いため、根気よく継続的に管理・監督することが求められます。

・契約終了時

最後は、契約終了時の留意事項です。契約終了時に注意すべきは**データ消去の徹底**です。パブリッククラウドでは、データ消去作業後にストレージそのものを物理的に破壊することができないため、確実に消去作業の実施記録を取得しておく必要があります。また可能であれば、契約終了後のデータ使用禁止に関する覚書を交わすことが望ましいです。これらをまとめると下表の通りとなります。

◆クラウド利用の各フェーズ時に注意すべき事項

段階	説明	留意事項
利用検討時	事業者選定	・直接的な製品評価（製品の機能、価格面） ・リスク管理面での評価（セキュリティ、監査権の有無、準拠法など） ・個別のサービスレベル締結の可否 ・ベンダー自身の経営・財務状態の把握
	データ所在確認	データ保管の対象国およびその国特有の規制などの調査
契約締結時	サービスレベル	・基本的な項目（稼働率、利用時間） ・サービスレベルのカスタマイズ（可能な場合）
運用時	立入監査、モニタリング	・定期的にクラウドベンダーへの監査の実施 ・クラウドベンダーが受審した第三者評価結果の閲覧
契約終了時	データ消去	・データ消去ポリシーの再確認 ・消去前のデータ抽出作業 ・データ消去依頼の実施と消去実施完了確認

索　引

執筆者紹介

【編著】

広川 敬祐（ひろかわ けいすけ）

公認会計士。産業技術大学院大学 情報アーキテクチャ専攻卒業 情報システム学修士（専門職）。日本公認会計士協会IT委員会委員、日本公認会計士協会東京会幹事を歴任。

約10年間の外資系会計事務所勤務を経て、1994年よりSAPジャパン(株)に勤務し、会計関連システムの導入に従事。その後、ヒロ・ビジネス(株)を設立し、コンサルティング・研修・出版などに関わる。

主な著書に『SEがはじめて学ぶ会計』（日本実業出版社）、『RFPでシステム構築を成功に導く本』（技術評論社）、『マネジメントをシンプルに変える』（パレード社）、『システム導入に失敗しない プロマネの心・技・体』（パレード社）がある。

【著者】

五島 伸二（ごしま しんじ）

公認会計士。ITストラテジスト（情報処理技術者試験）。公認情報システム監査人（CISA）。

監査法人トーマツ（現・有限責任監査法人トーマツ）にて、会計監査、IPO支援、基幹システム構築、システム監査などに従事。監査法人退所後、SE・プログラマーとして多数の開発プロジェクトに参画し、ソフトウェア開発の現場作業を経験。

その後、システムコンサルティング会社に入社してSAP導入コンサルタントとして業務設計、パラメータ設定など、ERP導入の上流工程から下流工程までを担当。上場会社の経理部長を経て、2010年３月にアドバ・コンサルティング株式会社を設立。現在は会計とITに特化したコンサルタントとして活動中。

小田 恭彦（おだ やすひこ）

公認会計士・税理士。日本公認会計士協会東京会 IT委員会 元委員長。

有限責任監査法人トーマツ名古屋事務所にて、会計監査および上場準備企業の原価計算制度の整備などの業務に従事。その後、SAP導入ベンダーに勤務し、アプリケーションコンサルタントとして会計モジュール全般を担当。

2003年に独立し、各種ERP案件にベンダー側、ユーザー側それぞれの立場から多数関与するとともに、IT統制に関するコンサルティング業務や中堅監査法人のIT監査業務に従事。

大塚 晃（おおつか あきら）

公認会計士。中小企業診断士。公認内部監査人（CIA）。日本公認会計士協会東京会 研修委員会 元委員長。

慶應義塾大学 経済学部卒業。慶應義塾大学大学院 商学研究科修士課程修了。

2001年に大手監査法人へ入所し、上場企業および上場準備企業への会計監査に従事。その後、2007年にコンサルタントに転じ、経営戦略・事業計画策定、管理会計構築・改善支援、内部統制構築・改善支援、IPO支援、業務効率化支援、不正調査などの幅広い業務に従事。経営者に伴走する企業参謀として活動している。

川勝 健司（かわかつ　けんじ）

公認情報システム監査人（CISA）。

大手製造業の社内システムエンジニア、監査法人系コンサルティングファームを経て、デロイト トーマツ リスクサービス(株)に入社。主に保険会社およびノンバンクのクライアントを対象として、テクノロジーおよびデジタル関連のアドバイザリー業務に、プロジェクト責任者として多数従事。

IT計画の策定支援、クラウドセキュリティ評価、ITガバナンス構築支援、デジタル人材育成計画策定支援、アジャイル開発管理態勢の整備、および各種PoCの実施などのプロジェクトに関与。

装丁・本文デザイン　FANTAGRAPH（ファンタグラフ）
カバーイラスト　岡村 慎一郎
DTP　一企画

エンジニアが学ぶ会計システムの「知識」と「技術」

2020年3月13日 初版第1刷発行
2024年3月 5 日 初版第3刷発行

編著者　広川 敬祐（ひろかわ けいすけ）
著 者　五島 伸二（ごしま しんじ）・小田 恭彦（おだ やすひこ）・大塚 晃（おおつか あきら）・川勝 健司（かわかつ けんじ）
発行人　佐々木 幹夫
発行所　株式会社 翔泳社（https://www.shoeisha.co.jp）
印刷・製本　株式会社 ワコー

ISBN978-4-7981-6294-2　Printed in Japan